大学物理（上册）导学教程

李 星 主编

北京理工大学出版社
BEIJING INSTITUTE OF TECHNOLOGY PRESS

内容简介

本书是根据工科院校大学物理课程特点，并结合编者多年一线教学经验编写而成的。本书为上册，配套马文蔚等主编的《物理学》（第六版），包括质点运动学、牛顿定律、动量守恒定律和能量守恒定律、刚体转动和流体运动、静电场、静电场中的导体与电介质、振动、波动、气体动理论、热力学基础、相对论，共十一章内容。每章由授课章节、目的要求、重点难点、主要内容、例题精解等部分构成，书后精心编排了两套综合习题及答案。

本书适用于普通高等院校工科专业的学生，同时对成人教育相关专业的学员，以及高等院校物理教师也具有一定的参考价值。

版权专有　侵权必究

图书在版编目（CIP）数据

大学物理（上册）导学教程 / 李星主编. —北京：北京理工大学出版社，2020.3
（2021.12重印）
ISBN 978-7-5682-8234-5

Ⅰ. ①大… Ⅱ. ①李… Ⅲ. ①物理学-高等学校-教学参考资料 Ⅳ. ①O4

中国版本图书馆 CIP 数据核字（2020）第 041020 号

出版发行 /	北京理工大学出版社有限责任公司
社　　址 /	北京市海淀区中关村南大街 5 号
邮　　编 /	100081
电　　话 /	（010）68914775（总编室）
	（010）82562903（教材售后服务热线）
	（010）68948351（其他图书服务热线）
网　　址 /	http://www.bitpress.com.cn
经　　销 /	全国各地新华书店
印　　刷 /	三河市天利华印刷装订有限公司
开　　本 /	787 毫米×1092 毫米　1/16
印　　张 /	9
字　　数 /	212 千字
版　　次 /	2020 年 3 月第 1 版　2021 年 12 月第 2 次印刷
定　　价 /	25.00 元

责任编辑 / 陆世立
文案编辑 / 赵　轩
责任校对 / 刘亚男
责任印制 / 李志强

图书出现印装质量问题，请拨打售后服务热线，本社负责调换

前 言

大学物理是理工科各专业的一门重要基础课，同时也是全国硕士研究生入学考试相关专业的专业科目之一。与高中物理相比，大学物理的理论更加抽象，逻辑推理更加严密，由于许多物理问题的概念性、理论性、技巧性较强，又需要以高等数学为工具，运用物理学的基本概念和规律去分析和解决问题，因此学生普遍反映这门课程较难掌握。我们编写本书的目的就是帮助学生尽快明确学习要求，理清知识脉络，尽快完成学习方法和思维方式的转变，掌握解题的思路和方法，提高综合应用所学知识、分析问题和解决问题的能力，为后继课程的学习打下坚实的基础。

本书提纲挈领地对知识点进行了简洁、清晰、全面的归纳。题型主要采用选择题、填空题和计算题，题目难度适中，既能考察对物理基本概念、基本规律的理解，也能考查学生对物理知识的迁移能力和运用能力，具有较强的诊断意义，有利于促进大学物理课程的"教"和"学"。同时配合各部分教学多媒体课件以及演示实验等电子资源，引导学生对所学知识进行自我归纳和总结，以期产生新思考，发现新问题，并达到解决新问题的目的。

参加本书编写的工作人员分工如下：李星、于智清、单亚拿、刘悦（第一章质点运动学；第二章牛顿定律；第三章动量守恒定律和能量守恒定律习题），汪青杰（第四章刚体的转动；第十四章相对论），王逊（第五章静电场；第六章静电场中的导体与电介质），马振宁（第九章振动；第十章波动），翟中海（第十二章气体动理论），王月华（第十三章热力学基础）。

在本书编写过程中，参考了相关的教材、教学辅导书和网络电子资料，章节序号与马文蔚等主编的《物理学》（第六版）各章节序号一致，其中根据一般院校教学大纲，略掉了部分章节。

由于编写时间仓促加之编者水平有限，书中难免出现疏漏和不当之处，恳请广大读者批评指正。

编　者
2019 年 6 月

目 录

第一章 质点运动学 ··· (3)
    1-1 质点运动的描述 ··· (3)
    1-2 圆周运动 ·· (6)
    1-3 相对运动 ·· (6)

第二章 牛顿定律 ·· (8)
    2-1 牛顿定律 ·· (8)
    2-2 物理量的单位和量纲（略）
    2-3 几种常见的力 ·· (8)
    2-4 牛顿定律的应用举例 ··· (8)
    2-5 非惯性系 惯性力（略）

第三章 动量守恒定律和能量守恒定律 ······························ (11)
    3-1 质点和质点系的动量定理 ··································· (11)
    3-2 动量守恒定律 ··· (11)
    3-3 系统内质量移动问题（略）
    3-4 动能定理 ··· (14)
    3-5 保守力与非保守力 势能（上） ························· (14)
    3-5 保守力与非保守力 势能（下） ························· (18)
    3-6 功能原理 机械能守恒定律 ································ (18)
    3-7 完全弹性碰撞 完全非弹性碰撞 ························· (18)
    3-8 能量守恒定律 ··· (18)
    3-9 质心 质心运动定律（略）
    3-10 对称性与守恒律（略）

第四章 刚体转动和流体运动 ·· (20)
    4-1 刚体的定轴转动 ·· (20)
    4-2 力矩 转动定律 转动惯量 ································ (20)
    4-3 角动量 角动量守恒定律 ··································· (22)

4-4　力矩做功　刚体绕定轴转动的动能定理 ……………………………………… (22)
　　4-5　刚体的平面平行运动（略）
　　4-6　刚体的进动（略）
　　4-7　流体　伯努利方程（略）
　　4-8　万有引力的牛顿命题（略）
　　4-9　经典力学的成就和局限性（略）

第五章　静电场 …………………………………………………………………………… (24)
　　5-1　电荷的量子化　电荷守恒定律 …………………………………………………… (24)
　　5-2　库仑定律 ……………………………………………………………………………… (24)
　　5-3　电场强度 ……………………………………………………………………………… (24)
　　5-4　电场强度通量　高斯定理 ………………………………………………………… (27)
　　5-5　密立根测定电子电荷的实验（略）
　　5-6　静电场的环路定理　电势能 ……………………………………………………… (29)
　　5-7　电势（上） …………………………………………………………………………… (29)
　　5-7　电势（下） …………………………………………………………………………… (33)
　　5-8　电场强度与电势梯度 ……………………………………………………………… (33)
　　5-9　静电场中的电偶极子（略）

第六章　静电场中的导体与电介质 …………………………………………………… (35)
　　6-1　静电场中的导体 …………………………………………………………………… (35)
　　6-2　静电场中的电介质 ………………………………………………………………… (35)
　　6-3　电位移　有电介质时的高斯定理 ………………………………………………… (35)
　　6-4　电容　电容器 ……………………………………………………………………… (38)
　　6-5　静电场的能量　能量密度 ………………………………………………………… (41)
　　6-6　电容器的充放电（略）
　　6-7　静电的应用（略）

第七章　恒定磁场（略）

第八章　电磁感应　电磁场（略）

第九章　振动 ……………………………………………………………………………… (43)
　　9-1　简谐振动　振幅　周期和频率　相位 …………………………………………… (43)
　　9-2　旋转矢量 ……………………………………………………………………………… (43)
　　9-3　单摆和复摆（略）
　　9-4　简谐振动的能量 …………………………………………………………………… (47)
　　9-5　简谐振动的合成 …………………………………………………………………… (47)
　　9-6　阻尼振动　受迫振动　共振（略）
　　9-7　电磁振荡（略）
　　9-8　简述非线性系统（略）

第十章 波动 ·· (50)
    10-1 机械波的几个概念 ·· (50)
    10-2 平面简谐波的波函数 ·· (50)
    10-3 波的能量　能流密度 ·· (53)
    10-4 惠更斯原理　波的衍射和干涉 ·· (53)
    10-5 驻波 ·· (57)
    10-6 多普勒效应（略）
    10-7 平面电磁波（略）
    10-8 声波　超声波与次声波（略）

第十一章 光学（略）

第十二章 气体动理论 ··· (58)
    12-1 平衡态　理想气体物态方程　热力学第零定律 ·· (58)
    12-2 物质的微观模型　统计规律性 ··· (58)
    12-3 理想气体的压强公式 ·· (58)
    12-4 理想气体分子的平均平动动能与温度的关系 ·· (58)
    12-5 能量均分定理　理想气体的内能 ·· (58)
    12-6 麦克斯韦气体分子速率分布律 ··· (60)
    12-7 玻耳兹曼能量分布律　等温气压公式（略）
    12-8 分子的平均碰撞频率和平均自由程 ·· (60)
    12-9 气体的迁移现象（略）
    12-10 实际气体的范德瓦耳斯方程（略）

第十三章 热力学基础 ··· (62)
    13-1 准静态过程　功　热量 ·· (62)
    13-2 热力学第一定律　内能 ·· (62)
    13-3 理想气体的等体过程和等压过程　摩尔热容 ·· (64)
    13-4 理想气体的等温过程和绝热过程　多方过程 ·· (64)
    13-5 循环过程　卡诺循环 ·· (67)
    13-6 热力学第二定律的表述　卡诺定理 ·· (70)
    13-7 熵　熵增加原理 ··· (70)
    13-8 热力学第二定律的统计意义 ··· (70)
    13-9 信息熵简介（略）

第十四章 相对论 ··· (72)
    14-1 伽利略变换式　经典力学的绝对时空观 ··· (72)
    14-2 迈克耳孙-莫雷实验否定绝对参考系的存在（略）
    14-3 狭义相对论的基本原理　洛伦兹变换式 ··· (72)
    14-4 狭义相对论的时空观 ·· (72)

14-5 光的多普勒效应（略）
14-6 相对论性动量和能量 ………………………………………………… (74)
14-7 等离子体与受控核聚变（略）
14-8 广义相对论简介（略）

第十五章 量子物理（略）

综合习题（一） ………………………………………………………… (79)
综合习题（二） ………………………………………………………… (103)
参考答案 ……………………………………………………………… (127)
参考文献 ……………………………………………………………… (135)

大学物理（上册）导学教程

学　　号：_____

姓　　名：_____

班　　级：_____

授课教师：_____

授课章节	第一章 质点运动学 1-1 质点运动的描述
目的要求	掌握描述质点运动的物理量：位置矢量、位移、速度、加速度；能借助直角坐标系计算质点在平面内运动时的速度和加速度
重点难点	位移、速度和加速度的计算；运动学两类基本问题

主要内容

一、运动的描述

1. 描述质点运动的基本物理量

1）位置矢量（位矢、矢径）

位置矢量是描述质点在该时刻位置的物理量，在直角坐标系中，可表示为

$$\boldsymbol{r} = x\boldsymbol{i} + y\boldsymbol{j} + z\boldsymbol{k}$$

2）位移

位移与时间间隔 Δt 相对应，是描述时间 Δt 内质点位置变化的物理量，表示为

$$\Delta \boldsymbol{r} = \boldsymbol{r}_2 - \boldsymbol{r}_1 = (x_2 - x_1)\boldsymbol{i} + (y_2 - y_1)\boldsymbol{j} + (z_2 - z_1)\boldsymbol{k}$$

运动方程：质点的位置和时间的函数关系，即

$$\boldsymbol{r}(t) = x(t)\boldsymbol{i} + y(t)\boldsymbol{j} + z(t)\boldsymbol{k}$$

或

$$x = x(t),\ y = y(t),\ z = z(t)$$

运动方程在运动学中地位很重要，因为只要知道运动方程，便可以求得轨迹方程、速度和加速度等。

3）速度

速度是描述质点位置变化快慢的物理量，即

$$\boldsymbol{v} = \frac{\mathrm{d}\boldsymbol{r}}{\mathrm{d}t} = \frac{\mathrm{d}x}{\mathrm{d}t}\boldsymbol{i} + \frac{\mathrm{d}y}{\mathrm{d}t}\boldsymbol{j} + \frac{\mathrm{d}z}{\mathrm{d}t}\boldsymbol{k}$$

4）加速度

加速度是描述质点运动速度变化快慢的物理量，即

$$\boldsymbol{a} = \frac{\mathrm{d}\boldsymbol{v}}{\mathrm{d}t} = \frac{\mathrm{d}v_x}{\mathrm{d}t}\boldsymbol{i} + \frac{\mathrm{d}v_y}{\mathrm{d}t}\boldsymbol{j} + \frac{\mathrm{d}v_z}{\mathrm{d}t}\boldsymbol{k}$$

$$= \frac{\mathrm{d}^2\boldsymbol{r}}{\mathrm{d}t^2} = \frac{\mathrm{d}^2x}{\mathrm{d}t^2}\boldsymbol{i} + \frac{\mathrm{d}^2y}{\mathrm{d}t^2}\boldsymbol{j} + \frac{\mathrm{d}^2z}{\mathrm{d}t^2}\boldsymbol{k}$$

$$= a_x\boldsymbol{i} + a_y\boldsymbol{j} + a_z\boldsymbol{k}$$

学习笔录：

二、运动学的两类基本问题

运动学的两类基本问题如下。

(1) 已知运动学方程 $r(t) = x(t)i + y(t)j + z(t)k$,求速度 $v = v(t)$、加速度 $a = a(t)$,求解这类问题通常采用求导的方法。

(2) 已知加速度 a 和初始条件 r_0、v_0,求运动方程 $r = r(t)$,求解这类问题通常采用积分的方法。

积分方法解决问题的基本思路:
① 根据已知条件寻找变量的基本关系;
② 统一积分变量,并分离积分变量;
③ 等式两边同时积分,根据初始条件确定积分上下限;
④ 积分并整理得出结果。

例题精解

例题1:已知一个质点的运动方程为 $r = 2ti + (2 - t^2)j$(单位为 m)。求:(1) $t = 1$ s 和 $t = 2$ s 时质点的位置矢量;(2) 1 s 末和 2 s 末质点的速度;(3) 质点的加速度。

解:(1) 质点的位置矢量为:$t = 1$ s 时,$r_1 = 2i + j$;$t = 2$ s 时,$r_2 = 4i - 2j$。

(2) 质点的速度为

$$v = \frac{dr}{dt} = 2i - 2tj$$

$t = 1$ s 时,$v_1 = 2i - 2j$,即 $v_1 = 2\sqrt{2}$ m/s,$\theta_1 = 45°$(v_1 为 $t = 1$ s 时质点的速度大小,θ_1 为 v_1 与 x 轴的夹角)。

$t = 2$ s 时,$v_2 = 2i - 4j$,即 $v_2 = 2\sqrt{5}$ m/s,$\theta_2 = -62°23'$(v_2 为 $t = 2$ s 时质点的速度大小,θ_2 为 v_2 与 x 轴的夹角)。

(3) 质点的加速度为

$$a = \frac{dv}{dt} = -2j$$

例题2:质点沿 x 轴运动,其加速度 $a = A(1 - Bt)$(A、B 均为正常数)。$t = 0$ 时,$x_0 = 0$,$v = v_0$,v_0 与 x 轴同向,试求:(1) $v = v(t)$;(2) $x = x(t)$。

解：（1）由 $a = \dfrac{dv}{dt}$ 知 $dv = adt = A(1 - Bt)dt$，两边积分得

$$\int_{v_0}^{v} dv = \int_{0}^{t} A(1 - Bt) dt$$

于是求得

$$v = v_0 + At\left(1 - \dfrac{B}{2}t\right)$$

（2）由 $v = \dfrac{dx}{dt}$ 知 $dx = vdt = \left[v_0 + At\left(1 - \dfrac{B}{2}t\right)\right]dt$，两边积分得

$$\int_{0}^{x} dx = \int_{0}^{t} \left(v_0 + At - \dfrac{1}{2}ABt^2\right) dt$$

于是求得

$$x = v_0 t + \dfrac{1}{2}At^2 - \dfrac{1}{6}ABt^3$$

大学物理（上册）导学教程

班级：_____ 姓名：_____ 学号：_____ 任课教师：_____

授课章节	第一章　质点运动学 1-2 圆周运动；1-3 相对运动
目的要求	能计算质点做圆周运动时的角速度、角加速度、法向加速度和切向加速度；理解伽利略相对性原理，理解伽利略坐标变换和速度变换
重点难点	圆周运动的角量描述，以及角量与线量之间的关系；相对运动问题

主要内容	学习笔录：
一、圆周运动 1. 圆周运动的角量表示 （1）角位置的表示符号为：θ。 （2）角位移的表示符号为：$\Delta\theta$。 （3）角速度可表示为 $$\omega = \lim_{\Delta t \to 0}\frac{\Delta\theta}{\Delta t} = \frac{\mathrm{d}\theta}{\mathrm{d}t}$$ 若 $\omega =$ 常量，则该运动为匀角速圆周运动，即匀速率圆周运动。 若 $\omega \neq$ 常量，则该运动为非匀速率圆周运动。 （4）瞬时角加速度可表示为 $$\alpha = \lim_{\Delta t \to 0}\frac{\Delta\omega}{\Delta t} = \frac{\mathrm{d}\omega}{\mathrm{d}t} = \frac{\mathrm{d}^2\theta}{\mathrm{d}t^2}$$ 若 $\alpha =$ 常量，则该运动为匀变速圆周运动。 若 $\alpha \neq$ 常量，则该运动为非匀变速圆周运动。 2. 圆周运动的线量表示 （1）圆周运动的速度可表示为 $$\boldsymbol{v} = v\boldsymbol{e}_t$$ （2）圆周运动的加速度可表示为 $$\boldsymbol{a} = \frac{\mathrm{d}\boldsymbol{v}}{\mathrm{d}t} = a_t\boldsymbol{e}_t + a_n\boldsymbol{e}_n = \frac{\mathrm{d}v}{\mathrm{d}t}\boldsymbol{e}_t + \frac{v^2}{R}\boldsymbol{e}_n$$ （3）切向加速度的大小为 $a_t = \dfrac{\mathrm{d}v}{\mathrm{d}t}$，它是由速度大小变化引起的。 （4）法向加速度的大小为 $a_n = \dfrac{v^2}{R}$，它是由速度方向变化引起的。 切向加速度 $\boldsymbol{a}_n$、法向加速度 $\boldsymbol{a}_t$ 互相垂直，加速度大小为：$a = \sqrt{a_n^2 + a_t^2}$，方向为：$\varphi = \arctan\dfrac{a_n}{a_t}$（$\varphi$ 是 $\boldsymbol{a}$ 与 $\boldsymbol{a}_t$ 的夹角），不再指向圆心。	

3. 圆周运动的角量和线量的关系

圆周运动的角量和线量的关系可表示为

$$v = R\omega, \quad a_t = R\alpha, \quad a_n = R\omega^2$$

二、相对运动

一个质点相对于两个相对作平动的参考系的速度间的关系为

$$\boldsymbol{v}_{绝对} = \boldsymbol{v}_{相对} + \boldsymbol{v}_{牵连}$$

式中：$\boldsymbol{v}_{绝对}$是质点相对于绝对坐标系（定坐标系）的速度，称为绝对速度；$\boldsymbol{v}_{相对}$是质点相对于动坐标系的速度，称为相对速度；$\boldsymbol{v}_{牵连}$是动坐标系相对于定坐标系的平动速度，称为牵连速度。

例题精解

例题 3：一质点运动方程为 $\boldsymbol{r} = 10(\cos 5t)\boldsymbol{i} + 10(\sin 5t)\boldsymbol{j}$（单位为 m），求：（1）$a_t$；（2）$a_n$。

解：（1）易知 $\boldsymbol{v} = \dfrac{\mathrm{d}\boldsymbol{r}}{\mathrm{d}t} = -50(\sin 5t)\boldsymbol{i} + 50(\cos 5t)\boldsymbol{j}$，则质点的速度大小为

$$v = |\boldsymbol{v}| = \sqrt{(-50\sin 5t)^2 + (50\cos 5t)^2} = 50 \text{ m/s}$$

于是，切向加速度的大小为

$$a_t = \frac{\mathrm{d}v}{\mathrm{d}t} = 0$$

（2）法向加速度的大小为 $a_n = \sqrt{a^2 - a_t^2} = a = 250 \text{ m/s}^2$。

例题 4：某人骑自行车以速率 v 向西行驶，北风以速率 v 吹来（对地面），问骑车者感到风速及风向如何？

解：设风为运动物体，则绝对速度：$|\boldsymbol{v}_{风对地}| = v$，方向向南；牵连速度：$|\boldsymbol{v}_{人对地}| = v$，方向向西。

由伽利略速度变换有：$\boldsymbol{v}_{风对地} = \boldsymbol{v}_{风对人} + \boldsymbol{v}_{人对地}$，于是得，$\boldsymbol{v}_{风对人} = \boldsymbol{v}_{风对地} - \boldsymbol{v}_{人对地}$，如图 1-1 所示。

因为 $|\boldsymbol{v}_{人对地}| = |\boldsymbol{v}_{风对地}| = v$，所以 $\alpha = 45°$，得出 $|\boldsymbol{v}_{风对人}| = \sqrt{|\boldsymbol{v}_{人对地}|^2 + |\boldsymbol{v}_{风对地}|^2} = \sqrt{2}\,v$。

$\boldsymbol{v}_{风对人}$ 的方向：来自西北 $45°$，或南偏东 $45°$。

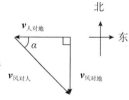

图 1-1　例题 4 图

大学物理（上册）导学教程

班级：_____ 姓名：_____ 学号：_____ 任课教师：_____

授课章节	第二章 牛顿定律 2-1 牛顿定律；2-3 几种常见的力；2-4 牛顿定律的应用举例
目的要求	掌握牛顿运动定律及其适用条件；能用微积分方法求解一维变力作用下简单的质点动力学问题
重点难点	牛顿第二定律及其应用

主要内容	学习笔录：
一、牛顿运动定律 1. 牛顿第一定律 牛顿第一定律可表示为 $$F=0 \text{ 时}, v = \text{恒量}$$ 说明：（1）该定律反映了物体的惯性，故也叫作惯性定律； （2）该定律给出了力的概念，指出了力是改变物体运动状态的原因。 2. 牛顿第二定律 牛顿第二定律可表示为 $$\boldsymbol{F}=m\boldsymbol{a}$$ 说明：（1）$\boldsymbol{F}$ 为合力； （2）$\boldsymbol{F}$ 为瞬时关系； （3）矢量关系； （4）只适用于质点； （5）解题时常写为 $$\boldsymbol{F}=m\boldsymbol{a} \Rightarrow \begin{cases} F_x = ma_x \\ F_y = ma_y \\ F_z = ma_z \end{cases} \quad \text{（直角坐标系）}$$ $$\boldsymbol{F}=m\boldsymbol{a} \Rightarrow \begin{cases} F_n = ma_n = m\dfrac{v^2}{r}\text{（法向）} \\ F_t = ma_t = m\dfrac{dv}{dt}\text{（切向）} \end{cases} \quad \text{（自然坐标系）}$$ 3. 牛顿第三定律 牛顿第三定律可表示为 $$\boldsymbol{F}_1 = -\boldsymbol{F}_2$$ 说明：（1）$\boldsymbol{F}_1$、$\boldsymbol{F}_2$ 在同一直线上，但作用在不同物体上； （2）$\boldsymbol{F}_1$、$\boldsymbol{F}_2$ 同时产生，同时消失，互不抵消。	

二、力学中常见的3种力

1. 万有引力

万有引力：任何物体之间都有相互吸引力，这个力叫作万有引力，它的大小与各个物体的质量成正比，而与它们之间距离的平方成反比，例如，质量分别为 m_1、m_2 的两个物体，相距 r 时，它们之间的万有引力为

$$F = G\frac{m_1 m_2}{r^2}\ (G = 6.67 \times 10^{-11}\ \text{N}\cdot\text{m}\cdot\text{kg}^{-2}\ \text{为万有引力常量})$$

注意：万有引力是非接触力，在处理问题时经常作为变力处理。

重力是地球对地面附近物体的万有引力，地面附近的重力加速度约为

$$g = G\frac{M}{R^2} = 9.80\ \text{m}\cdot\text{s}^{-2}$$

2. 弹性力

两个物体相互接触，彼此发生挤压形变时产生的力，称为弹性力。压缩或拉伸弹簧时，产生弹性力，在弹性限度内，弹性力 $f = -kx$；两物体相互挤压时，产生正压力 N；绳索被拉伸时，出现张力 T，一般说来，绳上各点的张力不等，只有轻绳或绳做水平匀速运动时，绳上各点的张力才相等。

3. 摩擦力

当物体间有相对滑动时，出现滑动摩擦力 $f = \mu N$（μ 是动摩擦因数）；当物体间仅有相对滑动趋势时，存在静摩擦力，其值的范围是 $0 \sim \mu_0 N$（μ_0 是最大静摩擦因数），而静摩擦力的大小只能由平衡条件或牛顿第二定律来确定。

三、牛顿运动定律常见类型题

牛顿运动定律有以下两种常见类型题：
（1）根据物体运动状态分析受力，解方程的问题；
（2）物体受力和描述物体运动状态的物体量之间的互求问题。

例题精解

例题 1：桌面上放置一个固定圆环带，半径为 R，一个物体贴着环带内壁运动。物体与环带内壁的动摩擦因数为 μ_1，与桌面的动摩擦因数为 μ_2，如图 2-1 所示。物体以初速度 v_0 开始运动，求物体运动的路程。

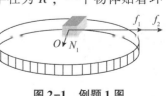

图 2-1　例题 1 图

解：设物体质量为 m，运动的路程为 s。物体水平方向受力：N_1 为环带内壁给物体的法向力，方向指向圆心；f_1 为环带内壁给物体的摩擦力（切向）；f_2 为桌面给物体的摩擦力（切向）。物体竖直方向受力：N_2 为桌面给物体的支持力，它的反作用力为物体对桌面的正压力；mg 为物体所受重力。

由题意可写出

$$N_1 = \frac{mv^2}{R}, \quad N_2 = mg$$

$$f_1 = \mu_1 N_1 = \mu_1 \frac{mv^2}{R}, \quad f_2 = \mu_2 N_2 = \mu_2 mg$$

切向力产生切向加速度，即

$$f_1 + f_2 = \mu_1 \frac{mv^2}{R} + \mu_2 mg = ma_t$$

$$= m\frac{dv}{dt} = -m\frac{dv}{ds}\cdot\frac{ds}{dt} = -mv\frac{dv}{ds}$$

可知 $ds = -\dfrac{vdv}{\mu_1 \dfrac{v^2}{R} + \mu_2 g}$，两边积分，即

$$\int_0^s ds = -\int_{v_0}^0 \frac{vdv}{\mu_1 \dfrac{v^2}{R} + \mu_2 g}$$

解得

$$s = \frac{R}{2\mu_1}\ln\left(\frac{\mu_1 v_0^2}{\mu_2 gR} + 1\right)$$

大学物理（上册）导学教程

班级：_____ 姓名：_____ 学号：_____ 任课教师：_____

授课章节	第三章　动量守恒定律和能量守恒定律 3-1 质点和质点系的动量定理；3-2 动量守恒定律
目的要求	了解质心的概念；掌握质点的动量定理，并能分析、解决质点在平面内运动时的简单力学问题。
重点难点	质点的动量定理；系统的动量守恒定律

主要内容	学习笔录：
一、质点的动量定理 1. 动量 　　质点的质量 m 与其速度 v 的乘积称为质点的动量，记为 p，其表达式为 $$p = mv$$ 说明：（1）p 是矢量，方向与 v 相同； （2）p 是状态量； （3）p 是相对量； （4）坐标和动量是描述物体状态的参量。 2. 冲量 　　力对时间的累积 $\int_{t_1}^{t_2} F \mathrm{d}t$ 称为在 $t_1 \sim t_2$ 时间内，力 F 对质点的冲量，记为 I，其表达式为 $$I = \int_{t_1}^{t_2} F \mathrm{d}t$$ 说明：（1）I 是矢量； （2）I 是过程量； （3）I 是力对时间的积累效应； （4）I 的分量式为 $\begin{cases} I_x = \int_{t_1}^{t_2} F_x \mathrm{d}t \\ I_y = \int_{t_1}^{t_2} F_y \mathrm{d}t \\ I_z = \int_{t_1}^{t_2} F_z \mathrm{d}t \end{cases}$。 3. 质点的动量定理 　　质点所受合力的冲量等于质点动量的增量，这称为质点的动量定理，其表达式为 $$I = p_2 - p_1$$	

说明：（1）I 与 $p_2 - p_1$ 同方向；

（2）I 分量式为 $\begin{cases} I_x = p_{2x} - p_{1x} \\ I_y = p_{2y} - p_{1y} \\ I_z = p_{2z} - p_{1z} \end{cases}$；

（3）过程量可用状态量表示，使问题得到简化；

（4）动量定理在小惯性系中才成立；

（5）动量定理对碰撞、打击、冲击、爆破等问题很有用。

二、质点系的动量定理

系统：一组质点。

内力：系统内质点间作用力。

外力：系统外物体对系统内质点作用力。

因为内力由一对一对的作用力与反作用力组成，故合内力为零。

结论：系统受合外力冲量等于系统动量的增量，这就是质点系的动量定理，其表达式为

$$\int_{t_1}^{t_2} \boldsymbol{F}_{合外力} \, \mathrm{d}t = \int_{p_1}^{p_2} \mathrm{d}\boldsymbol{p} = \boldsymbol{p}_2 - \boldsymbol{p}_1$$

三、动量守恒定律

当系统所受合外力为零时，系统动量不随时间变化，这称为动量守恒定律，其表达式为

$$\frac{\mathrm{d}\boldsymbol{p}}{\mathrm{d}t} = 0$$

说明：（1）动量守恒条件为 $\boldsymbol{F}_{合外力} = 0$；

（2）动量守恒是指系统的总动量守恒，而不是指其中个别物体的动量守恒；

（3）内力能改变系统动能而不能改变系统动量；

（4）当 $\boldsymbol{F}_{合外力} \neq 0$ 时，若合外力在某一方向上的分量为零，则在该方向上系统的动量分量守恒；

（5）动量守恒是指系统的动量为常矢量（不随时间变化），所以此时要求合外力恒等于零；

（6）动量守恒是自然界的普遍规律之一。

例题精解

例题 1：质量为 m 的铁锤竖直落下，打在木桩上并停下。设打击时间为 Δt，打击前铁锤速率为 v，则在打击木桩的时间内，铁锤受到的平均合外力的大小为多少？

解：设竖直向下为正，由动量定理可知

$$F\Delta t = 0 - mv \quad \Rightarrow \quad |F| = \frac{mv}{\Delta t}$$

● 强调

动量定理中说的是合外力冲量等于动量增量。

例题 2：一物体受合力为 $F = 2t$（单位为 N），做直线运动，试问在第二个 5 s 内和第一个 5 s 内物体受冲量之比及动量增量之比各为多少？

解：设物体沿 x 轴正方向运动，则

$$I_1 = \int_0^5 F\mathrm{d}t = \int_0^5 2t\mathrm{d}t = 25 \text{ N}\cdot\text{s} \quad (\boldsymbol{I}_1 \text{ 沿 } x \text{ 轴正方向})$$

$$I_2 = \int_5^{10} F\mathrm{d}t = \int_5^{10} 2t\mathrm{d}t = 75 \text{ N}\cdot\text{s} \quad (\boldsymbol{I}_2 \text{ 沿 } x \text{ 轴正方向})$$

于是有

$$\frac{I_2}{I_1} = 3$$

因为 $\begin{cases} I_2 = (\Delta p)_2 \\ I_1 = (\Delta p)_1 \end{cases}$，所以 $\dfrac{(\Delta p)_2}{(\Delta p)_1} = 3$。

| 班级： | 姓名： | 学号： | 任课教师： |

授课章节	第三章 动量守恒定律和能量守恒定律 3.4 动能定理；3.5 保守力与非保守力 势能（上）
目的要求	掌握功的概念，能熟练计算作用在质点上的一维变力的功；理解保守力做功的特点及势能的概念
重点难点	变力的功；动能定理；势能

主要内容

一、功

定义：力对质点所做的功为力在质点位移方向的分量与位移大小的乘积，功是表示力的空间累积效应的物理量。

1. 恒力的功

恒力的功记为

$$W = Fs\cos\alpha = \boldsymbol{F} \cdot \boldsymbol{S}$$

说明：(1) 功是标量；

(2) 功是过程量；

(3) 功是相对量；

(4) 作用力与反作用力的功的代数和不一定为零。

2. 变力的功

质点沿某一路径 c 从 a 点运动到 b 点，力 F 对质点所做的功为

$$W = \int_a^b \boldsymbol{F} \cdot \mathrm{d}\boldsymbol{r} = \int_a^b F\cos\theta \, \mathrm{d}s$$

在直角坐标系中，若

$$\boldsymbol{F} = F_x\boldsymbol{i} + F_y\boldsymbol{j} + F_z\boldsymbol{k}$$

$$\mathrm{d}\boldsymbol{s} = \mathrm{d}x\boldsymbol{i} + \mathrm{d}y\boldsymbol{j} + \mathrm{d}z\boldsymbol{k}$$

则

$$W = \int (F_x\mathrm{d}x + F_y\mathrm{d}y + F_z\mathrm{d}z)$$

3. 合力的功

设质点受 n 个力，分别为 $\boldsymbol{F}_1, \boldsymbol{F}_2, \cdots, \boldsymbol{F}_n$，则合力做的功为

$$W = \int_a^b \boldsymbol{F} \cdot \mathrm{d}\boldsymbol{r} = \int_a^b (\boldsymbol{F}_1 + \boldsymbol{F}_2 + \cdots + \boldsymbol{F}_n) \cdot \mathrm{d}\boldsymbol{r}$$

$$= \int_a^b \boldsymbol{F}_1 \cdot \mathrm{d}\boldsymbol{r} + \int_a^b \boldsymbol{F}_2 \cdot \mathrm{d}\boldsymbol{r} + \cdots + \int_a^b \boldsymbol{F}_n \cdot \mathrm{d}\boldsymbol{r}$$

$$= W_1 + W_2 + \cdots + W_n$$

学习笔录：

4. 保守力的功

如果力 F 做功与路径无关，则称这种力为保守力，其表达式为

$$\oint_c \boldsymbol{F} \cdot \mathrm{d}\boldsymbol{r} = 0$$

说明：万有引力、重力、弹性力都是保守力。

1）万有引力做的功及其特点

设质量为 m 的物体在质量为 M 的物体的引力场中运动，质量为 M 的物体不动，在质量为 m 的物体从 a 点移到 b 点的过程中，万有引力做的功为

$$W = \int_a^b \boldsymbol{F} \cdot \mathrm{d}\boldsymbol{r}$$

在任一点 c 处，$\boldsymbol{F} = -\dfrac{GmM}{r^3}\boldsymbol{r}$（变力），则

$$W = \int_a^b -\frac{GmM}{r^3}\boldsymbol{r} \cdot \mathrm{d}\boldsymbol{r} = -\int_a^b G\frac{mM}{r^3} r \mathrm{d}r = GmM\left(\frac{1}{r_b} - \frac{1}{r_a}\right)$$

特点：万有引力做的功只与物体始末两个位置有关，而与物体运动路径无关。

2）重力做的功及其特点

质点 m 由 a 点移到 b 点，位移为 $\boldsymbol{s}$，在地面附近重力可视为恒力，故重力做的功为

$$W = m\boldsymbol{g} \cdot \boldsymbol{s} = mgs\cos\alpha = mg(y_a - y_b)$$

特点：重力做的功只与物体始末位置有关，而与其运动路径无关。

（3）弹性力做的功及其特点

m 处于 x 处时，它受弹性力为

$$\boldsymbol{F} = F\boldsymbol{i} = -kx\boldsymbol{i}, \quad \begin{cases} x > 0, \ \boldsymbol{F} \text{ 沿 } x \text{ 轴负向} \\ x < 0, \ \boldsymbol{F} \text{ 沿 } x \text{ 轴正向} \end{cases}$$

m 从坐标 $x_1 \to x_2$ 的过程中，弹性力做的功为

$$W = \int_{x_1}^{x_2} \boldsymbol{F} \cdot \mathrm{d}\boldsymbol{x} = \int_{x_1}^{x_2} -kx\boldsymbol{i} \cdot \mathrm{d}x\boldsymbol{i} \ (\mathrm{d}\boldsymbol{x} = \mathrm{d}x\boldsymbol{i})$$

$$= -k\int_{x_1}^{x_2} x\mathrm{d}x = -\left(\frac{1}{2}kx_2^2 - \frac{1}{2}kx_1^2\right)$$

特点：弹性力做的功仅与物体始末位置有关而与运动路径无关。

二、动能定理

1. 动能

物体由于运动而具有的能量叫作动能，其定义为物体的质量与其运动速度的平方的乘积的一半，即

$$W_k = \frac{1}{2}mv^2$$

说明：（1）动能是标量；

（2）动能是相对量；

（3）动能是状态量。

2. 质点动能定理

质点动能定理是指合外力对物体所做的功等于物体动能的增量，即

$$W_{合} = \int_a^b \boldsymbol{F} \cdot \mathrm{d}\boldsymbol{r} = E_{kb} - E_{ka} = \frac{1}{2}mv_b^2 - \frac{1}{2}mv_a^2$$

它是作用于质点的空间累积作用规律。

说明：（1）只有合外力对质点做功，质点的动能才发生变化；

（2）功是能量变化的量度，是过程量，与过程有关；

（3）动能取决于状态，是状态量；

（4）质点的动能定理只适用于惯性系（动能定理是由牛顿运动定律导出的）；

（5）动能定理提供了计算功的一种方法。

三、势能

对任何保守力，它的功都可以用相应的势能增量的负值来表示，即

$$W = -(E_{pb} - E_{pa})$$

结论：保守力做的功等于相应势能增量的负值。

万有引力势能：$E_p = -G\dfrac{mM}{r}$（势能零点取在无限远处）。

重力势能：$E_p = mgh$（势能零点取在某一水平面上）。

弹性势能：$E_p = \dfrac{1}{2}kx^2$（势能零点取在弹簧原长处）。

说明：（1）只有保守力场中才能引进势能概念；

（2）势能是属于系统的；

（3）势能是相对的。

例题精解

例题 3：如图 3-1 所示，质量为 m 的物体，从四分之一圆槽 A 点静止开始下滑到 B。在 B 处速率为 v，槽半径为 R。求物体从 $A \to B$ 滑动过程中摩擦力做的功。

解：按功定义 $W = \int_A^B \boldsymbol{F} \cdot \mathrm{d}\boldsymbol{s}$，物体在任一点 c 处，其切线方向的牛顿第二定律的方程为

$$mg\cos\theta - F_r = ma_t = m\frac{dv}{dt}$$

则
$$F_r = -m\frac{dv}{dt} + mg\cos\theta$$

$$W = \int_A^B \boldsymbol{F}_r \cdot d\boldsymbol{s} = \int_A^B |\boldsymbol{F}_r| \cdot |d\boldsymbol{s}|\cos\pi = -\int_A^B F_r ds = -\int_A^B \left(mg\cos\theta - m\frac{dv}{dt}\right) \cdot ds$$

$$= m\int_A^B \frac{dv}{dt}ds - \int_A^B mg\cos\theta ds = m\int_0^v v dv - \int_0^{\frac{\pi}{2}} mg\cos\theta R d\theta$$

$$= \frac{1}{2}mv^2 - mgR$$

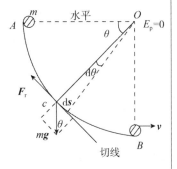

图 3-1 例题 3 图

授课章节	第三章　动量守恒定律和能量守恒定律 3-5 保守力与非保守力　势能（下）；3-6 功能原理　机械能守恒定律； 3-7 完全弹性碰撞　完全非弹性碰撞；3-8 能量守恒定律
目的要求	会计算重力、弹性力和万有引力的势能；掌握质点的动能定理；掌握机械能守恒定律以及运用守恒定律分析问题的思想和方法
重点难点	势能的计算；机械能守恒定律

主要内容

一、功能原理

1. 质点系动能定理

将质点的动能定理推广到质点系（物体系），得

$$W_{外} + W_{非保内} + W_{保内} = E_{k2} - E_{k1}$$

由上式可知，系统中所有外力的功与非保守内力的功和保守内力的功的代数和等于系统动能的增量。

2. 功能原理

作用在质点上的力可分为保守力和非保守力，把保守力的受力者与施力者都划在系统中，则保守力就为内力了，因此，内力可分为保守内力和非保守内力，内力功可分为保守内力功和非保守内力功。

由于 $W_{保内} = E_{p2} - E_{p1}$，将其代入上述质点系动能定理的表达式中，则

$$W_{外} + W_{非保内} = (E_{k2} + E_{p2}) - (E_{k1} + E_{p1})$$

结论：合外力功+非保守内力功 = 系统机械能（动能+势能）的增量，称此为功能原理。

说明：（1）功能原理中，功不含有保守内力的功，而动能定理中含有保守内力的功；

（2）功是能量变化或转化的量度；

（3）能量是系统状态的单值函数。

二、机械能守恒定律

由功能原理知，当 $W_{外} + W_{非保内} = 0$ 时，有

$$E_{k2} + E_{p2} = E_{k1} + E_{p1}$$

结论：当 $W_{外} + W_{非保内} = 0$ 时，系统机械能为常量，这就是机械能守恒定律。

学习笔录：

例题精解

例题4：在万有引力作用下的质量为 m_1、m_2 的两质点，起初相距 l，均静止，当它们运动到距离为 $0.5l$ 时，它们速率各为多少？

解：以两质点为系统，则系统的动量及机械能均守恒，即

$$m_1\boldsymbol{v}_1 + m_2\boldsymbol{v}_2 = 0 \tag{1}$$

$$\frac{1}{2}m_1v_1^2 + \frac{1}{2}m_2v_2^2 - \frac{Gm_1m_2}{l/2} = -\frac{Gm_1m_2}{l} \tag{2}$$

由式（1）、（2）解得两质点的速率分别为

$$v_1 = m_2\sqrt{\frac{2G}{(m_1+m_2)l}}, \quad v_2 = m_1\sqrt{\frac{2G}{(m_1+m_2)l}}$$

| 班级： | 姓名： | 学号： | 任课教师： |

授课章节	第四章　刚体转动和流体运动 4-1 刚体的定轴转动；4-2 力矩　转动定律　转动惯量
目的要求	掌握力矩、转动惯量概念；掌握转动定律的应用
重点难点	力矩；转动惯量；转动定律

主要内容

一、力矩

力矩是改变刚体转动状态的原因，也是产生角加速度的原因。其矢量式和标量式如下：

（1）力矩的矢量式：$\boldsymbol{M} = \boldsymbol{r} \times \boldsymbol{F}$；

（2）力矩的标量式：$M = Fr\sin\varphi$，其中 φ 是 $\boldsymbol{r}$ 和 $\boldsymbol{F}$ 之间的夹角。

说明：力矩是矢量，其方向沿转轴，与刚体转动方向形成右手螺旋关系，一般计算可以转化为代数运算。若多个力作用于刚体，则合力矩等于这几个力的力矩的矢量和。对刚体系统而言，内力矩的代数和为零。

二、转动惯量

转动惯量是刚体绕定轴转动时转动惯性大小的量度，用 J 表示。

转动惯量的表达式为

$$J = \sum_i \Delta m_i r_i^2$$

当刚体质量连续分布时，有

$$J = \int r^2 \mathrm{d}m$$

影响转动惯量的因素有 3 个，分别是总质量、质量的分布、转轴的位置。

三、计算刚体转动惯量的规律

（1）同轴的叠加性原理可表示为

$$J = J_1 + J_2 + \cdots$$

其中，J_i 是各刚体对同一转轴的转动惯量。

（2）平行轴定理可表示为

$$J = J_c + mh^2$$

其中，J_c 是刚体对质心轴的转动惯量；h 是任意轴距质心轴的垂直距离。

常用刚体的转动惯量如下。

质点：$J = mr^2$；细杆绕其质心轴：$J = \dfrac{1}{12}ml^2$；细杆绕其一端轴：$J = \dfrac{1}{3}ml^2$；均质圆盘（圆柱）绕其质心轴：$J = \dfrac{1}{2}mR^2$。

学习笔录：

四、刚体的定轴转动定律

刚体所受的合外力矩等于刚体转动惯量和角加速度的乘积，即
$$M = J\alpha$$
注意：定轴转动定律 $M = J\alpha$ 与牛顿第二运动定律 $F = ma$ 的对比。

应用定轴转动定律的基本解题步骤如下：

（1）分析题意，采用隔离法受力分析，画出受力图；

（2）对于作平动的刚体，可以将其看作质点，应用牛顿第二定律列出方程，而对于绕定轴转动的刚体，分析其所受外力矩的情况，必须用定轴转动定律列出方程；

（3）寻找角线量关系和其他运动学规律；

（4）方程联立求解，得出结果。

授课章节	第四章　刚体转动和流体运动 4-3 角动量　角动量守恒定律；4-4 力矩做功　刚体绕定轴转动的动能定理
目的要求	掌握角动量、转动动能的概念；掌握角动量守恒定律的应用
重点难点	角动量守恒

主要内容

一、刚体定轴转动过程中的功能关系

1. 力矩的功

力矩的功主要反映力矩的空间累积效果，其表达式为

$$W = \int_{\theta_1}^{\theta_2} M d\theta$$

2. 转动动能和重力势能

刚体因转动而具有的动能：$E_k = \frac{1}{2}J\omega^2$。

刚体的重力势能：$E_p = mgh_c$（h_c 为刚体质心的高度）。

3. 刚体的动能定理

合外力矩对刚体所做的功等于刚体转动动能的增量，称为刚体的功能定理，其表达式为

$$\int_{\theta_1}^{\theta_2} M d\theta = \frac{1}{2}J\omega_2^2 - \frac{1}{2}J\omega_1^2$$

说明：在刚体作定轴转动的情况下，功能原理和机械能守恒定律仍然成立，只是在计算时要注意对于刚体应为转动动能和质心势能。

二、角动量和角动量守恒定律

1. 角动量（也称作动量矩）

刚体的角动量等于转动惯量与角速度的乘积，即

$$L = J\omega$$

质点对某一轴的角动量（仅讨论平面运动的情况）的表达式为

$$\boldsymbol{L} = \boldsymbol{r} \times m\boldsymbol{v} \text{ 或 } L = mvr\sin\varphi$$

当质点作半径为 r 的圆周运动时，质点对圆心 O 的角动量为

$$L = mvr \quad \text{或} \quad L = J\omega$$

2. 角动量定理

合外力矩给予刚体的冲量矩等于刚体角动量的增量，该增量反映了力矩的时间累积效果，即

$$\int_{t_1}^{t_2} M dt = J_2\omega_2 - J_1\omega_1$$

学习笔记：

3. 角动量守恒定律

当刚体所受合外力矩的冲量矩等于零时，即 $\int_{t_1}^{t_2} M dt = 0$ 时；或刚体所受合外力矩等于零时，即 $M = 0$ 时，刚体的角动量在运动中保持不变，即

$$J_2 \omega_2 = J_1 \omega_1$$

角动量守恒定律也适用于质点与刚体组成的系统。

说明：（1）注意质点的角动量与刚体的角动量的不同表达形式和相同的物理本质；

（2）守恒是对系统而言的，但在系统内部角动量是可以传递与转移的。

（3）在解决做平动的质点与具有固定转轴的刚体进行碰撞，或刚体与刚体的碰撞问题时，不能用动量守恒定律，而要用角动量守恒定律来处理；

（4）碰撞过程不一定满足机械能守恒定律，从能量损失上看，同样可以分为完全弹性碰撞、非完全弹性碰撞或完全非弹性碰撞；

（5）角动量守恒定律是自然界的普遍规律，其使用范围是比较广泛的，但应用角动量守恒定律的前提是，由质点和刚体组成的系统在碰撞过程中所受的外力矩为零。

大学物理（上册）导学教程

班级：_____　姓名：_____　学号：_____　任课教师：_____

授课章节	第五章　静电场 5-1 电荷的量子化　电荷守恒定律；5-2 库仑定律；5-3 电场强度
目的要求	了解静电现象和电荷量子化的概念；掌握用库仑定律和电场叠加原理计算点电荷、点电荷系和几何形状简单的带电体（如均匀带电直线，无限大平面、圆环、圆面、柱面和球面等）形成的电场
重点难点	电场强度的概念；电场强度的叠加原理

主要内容

学习笔录：

一、电场线

电场线上任意一点的切线方向是该点电场强度的方向，其疏密程度反映电场的强弱。规定电场强度大小与电场线疏密之间关系的表达式为

$$E = \frac{d\Phi_e}{ds_\perp}$$

电场线的性质：起于正电荷止于负电荷，无电荷处不中断；不闭合、不相交。

二、真空中的库仑定律

真空中两个点电荷相互作用时，其作用力为

$$\boldsymbol{F} = \frac{1}{4\pi\varepsilon_0}\frac{q_1 q_2}{r^2}\boldsymbol{e}_r$$

式中：$\boldsymbol{e}_r$ 为单位矢径（注意方向判断）。

三、电场强度

电场强度（简称场强）是用来描述电场强弱和方向的物理量，根据定义，其可由单位试验电荷在电场中某点所受电场力来确定，即

$$\boldsymbol{E} = \frac{\boldsymbol{F}}{q_0} \quad (q_0 \text{ 为试验电荷})$$

电场强度的方向与正电荷所受电场力的方向相同。并且电场强度由电场性质决定，与放入场中的试验电荷无关。

四、电场强度的叠加原理

多个点电荷产生的电场中某点的电场强度等于每个点电荷单独存在时在该点产生电场强度的矢量叠加，即

$$\boldsymbol{E} = \sum \boldsymbol{E}_n = (\sum E_{nx})\boldsymbol{i} + (\sum E_{ny})\boldsymbol{j} + (\sum E_{ny})\boldsymbol{k}$$

五、电场强度的计算

❖ 解题步骤

（1）对于点电荷，利用下式计算，即

$$E = \frac{1}{4\pi\varepsilon_0}\frac{Q}{r^2}e_r$$

（2）对于点电荷系，利用叠加原理计算，即

$$E = E_1 + E_2 + \cdots = \sum(\frac{1}{4\pi\varepsilon_0}\frac{Q_i}{r^2})e_r$$

（3）对于电荷连续分布的带电体，利用微积分法计算，即

$$dE = \frac{1}{4\pi\varepsilon_0}\frac{dq}{r^2}e_r\ ;\ E = \int_Q dE = \int_Q \frac{1}{4\pi\varepsilon_0}\frac{dq}{r^2}e_r$$

其中：$dq = \lambda dl$（线分布）；$dq = \sigma dS$（面分布）；$dq = \rho dV$（体分布）。

注意：对于电荷元电场方向不同的情况，要先将电荷元电场方向分解，然后再在分解的方向上对电场强度分量积分求解。此种方法一般用于解决有限大的带电体的电场分布问题。例如：

$$E_x = \int_Q dE_x\ ;\ E_y = \int_Q dE_y$$

$$E = E_x \boldsymbol{i} + E_y \boldsymbol{j}$$

例题精解

例题 1：设有一段直线均匀带电，电荷线密度为 λ，点 P 距线段为 a，求点 P 的电场强度。

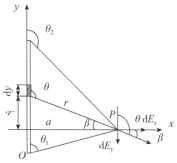

图 5-1 例题 1 图

解：如图 5-1 所示取坐标，把带电直线分成一系列点电荷，dy 段在点 P 产生的场强为

$$dE = \frac{dq}{4\pi\varepsilon_0 r^2} = \frac{\lambda dy}{4\pi\varepsilon_0 r^2} \qquad (1)$$

由图5-1可知 $y = a\tan\beta = a\tan\left(\theta - \dfrac{\pi}{2}\right) = -a\tan\left(\dfrac{\pi}{2} - \theta\right) = -a\cot\theta$，则

$$\mathrm{d}y = a\csc^2\theta\mathrm{d}\theta \tag{2}$$

并且有

$$r = \dfrac{a}{\cos\beta} = \dfrac{a}{\sin\theta} \tag{3}$$

将式（2）和式（3）代入式（1）中，则

$$\mathrm{d}E = \dfrac{\lambda\mathrm{d}y}{4\pi\varepsilon_0 r^2} = \dfrac{\lambda a\csc^2\theta\mathrm{d}\theta}{4\pi\varepsilon_0 \dfrac{a^2}{\sin^2\theta}} = \dfrac{\lambda\mathrm{d}\theta}{4\pi\varepsilon_0 a}$$

于是有

$$\mathrm{d}E_x = \mathrm{d}E\cos\beta = \mathrm{d}E\cos\left(\theta - \dfrac{\pi}{2}\right) = \mathrm{d}E\cos\left(\dfrac{\pi}{2} - \theta\right) = \mathrm{d}E\sin\theta = \dfrac{\lambda\mathrm{d}\theta}{4\pi\varepsilon_0 a}\sin\theta$$

因此

$$E_x = \int\mathrm{d}E_x = \int_{\theta_1}^{\theta_2}\dfrac{\lambda\mathrm{d}\theta}{4\pi\varepsilon_0 a}\sin\theta = \dfrac{\lambda}{4\pi\varepsilon_0 a}(\cos\theta_1 - \cos\theta_2)$$

同理

$$\mathrm{d}E_y = -\mathrm{d}E\sin\beta = \mathrm{d}E\cos\theta$$

因此

$$E_y = \int\mathrm{d}E_y = \int_{\theta_1}^{\theta_2}\dfrac{\lambda\cos\theta}{4\pi\varepsilon_0 a}\mathrm{d}\theta = \dfrac{\lambda}{4\pi\varepsilon_0 a}(\sin\theta_2 - \sin\theta_1)$$

● 讨论

对于无限长均匀带电直线，则 $\theta_1 = 0$、$\theta_2 = \pi$，得出 $E_x = \dfrac{\lambda}{2\pi\varepsilon_0 a}$，$E_y = 0$。

即无限长均匀带电直线产生的电场垂直于它本身，若 $\lambda > 0$，则 E 背向直线；若 $\lambda < 0$，则 E 指向直线。

授课章节	第五章 静电场 5-4 电场强度通量 高斯定理
目的要求	掌握电通量的概念；理解并能用高斯定理计算电荷均匀分布的带电系统的电场强度
重点难点	高斯定理的理解和应用

主要内容

一、电通量

电通量（电场强度通量）是用来描述电场分布情况的物理量，根据定义，其可用在电场中穿过任意面积电场线的条数来确定，即

$$d\Phi_e = \boldsymbol{E} \cdot d\boldsymbol{S}$$

$$\Phi_e = \int_S \boldsymbol{E} \cdot d\boldsymbol{S} = \int_S E\cos\theta \, dS \qquad \theta = (\boldsymbol{E}, \, d\boldsymbol{S})$$

注意：$d\boldsymbol{S}$ 的方向为面积的正法向（特点为垂直曲面指向曲面凸的方向）。

对于均匀电场，电通量的表达式为

$$\Phi_e = \boldsymbol{E} \cdot \boldsymbol{S} = ES\cos\theta$$

二、静电场的高斯定理

静电场的高斯定理是反映静电场性质的定理，说明静电场是有源场，其表达式为

$$\oint_S \boldsymbol{E} \cdot d\boldsymbol{S} = \frac{\sum q_i^{in}}{\varepsilon_0} \qquad （点电荷系）$$

式中：$\sum q_i^{in}$ 为高斯面内所包围的电荷的代数和。其积分形式的表达式为

$$\oint_S \boldsymbol{E} \cdot d\boldsymbol{S} = \frac{1}{\varepsilon_0}\int_V \rho \, dV \qquad （电荷连续分布的带电体）$$

注意：（1）在理解高斯定理时应区分电场强度（矢量）和电通量（标量）的关系，穿过闭合高斯面的电通量只与高斯面内包围的电荷有关，与高斯面外的电荷无关；但电场强度与高斯面内外的电荷均有关。

（2）$\sum q_i^{in} = 0$ 并不意味高斯面内无电荷，而是无净电荷，即正负电荷代数和为零。

三、高斯定理的应用

常见的对称性电场类型有：均匀带电球状体（含点电荷）、无限长均匀带电柱状体（含线状）和无限大均匀带电板状体。

高斯面选取的一般原则是：使高斯面上各点电场强度大小相等，或电场强度方向与面积法向相垂直，以利于积分计算。

学习笔录：

❖ **解题步骤**

（1）利用对称性选取合适的闭合高斯曲面。
（2）计算出高斯面内包围的电荷的代数和。
（3）利用电荷的代数和与电通量的关系，求出电场强度分布的表达式。

例题精解

例题 2：求厚度为 a，电荷体密度为 ρ 的均匀"无限大"带电平板内、外场强的分布。

解：建立如图 5-2（a）所示的坐标系，对板外任一点 $P(x > \dfrac{a}{2})$，关于 y 轴对称作闭合圆柱面，如图 5-2（b）所示，点 P 处于右侧底面上，由高斯定理得

$$\oint_S \boldsymbol{E} \cdot d\boldsymbol{S} = \frac{\sum q}{\varepsilon_0}$$

$$\oint_S \boldsymbol{E} \cdot d\boldsymbol{S} = \int_{S左} \boldsymbol{E} \cdot d\boldsymbol{S} + \int_{S右} \boldsymbol{E} \cdot d\boldsymbol{S} + \int_{S侧} \boldsymbol{E} \cdot d\boldsymbol{S}$$

对于侧面，θ 为 $\dfrac{\pi}{2}$，则

$$\int_{S侧} \boldsymbol{E} \cdot d\boldsymbol{S} = \int_{S侧} E\cos\theta dS = 0$$

$$2E\Delta S = \frac{\sigma \Delta S a}{\varepsilon_0}, \quad E_{外} = \frac{\rho}{2\varepsilon_0}a$$

同理对板内任选一点 P'，$x' < \dfrac{a}{2}$，也作类似的关于 y 轴对称的圆柱面，由高斯定理得

$$\oint_S \boldsymbol{E} \cdot d\boldsymbol{S} = \frac{\sum q}{\varepsilon_0} = \frac{\rho \Delta S' 2x'}{\varepsilon_0}$$

$$2E\Delta S' = \frac{\rho \Delta S' 2x'}{\varepsilon_0}, \quad E_{内} = \frac{\rho x}{\varepsilon_0}$$

则 $\boldsymbol{E}$ 的空间分布如图 5-2（a）、（b）所示。

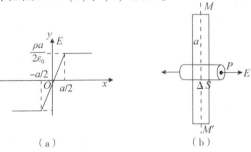

图 5-2 例题 2 图

授课章节	第五章　静电场 5-6 静电场的环路定理　电势能；5-7 电势（上）
目的要求	理解静电力的做功与路径无关的保守力特征；掌握静电场环路定理的物理意义及电势的概念；掌握用电势叠加和电场强度积分两种方法计算点电荷、点电荷系和几何形状简单的带电体形成的电势分布
重点难点	静电场环路定理的理解；电势能的概念；电势叠加原理

主要内容

一、静电场的环路定理

静电场的环路定理是反映静电场性质的定理，说明静电场是保守场，其表达式为

$$\oint_L \boldsymbol{E} \cdot \mathrm{d}\boldsymbol{l} = 0$$

二、电势能

电势能是指在电场力作用下电荷在某位置处具有的势能，其表达式为

$$E_P(a) = \int_a^0 q_0 \boldsymbol{E} \cdot \mathrm{d}\boldsymbol{l}$$

说明：电势能在数值上等于电荷从场中某点移动到电势能零点的过程中电场力做的功。

三、电势

电势是用来描述电场能量性质的物理量，根据定义，其可由单位试验电荷在电场中某点具有的电势能来确定，如电场中 a 点电势为

$$V(a) = \frac{E_P(a)}{q_0} = \int_a^0 \boldsymbol{E} \cdot \mathrm{d}\boldsymbol{l}$$

说明：（1）电势在数值上等于单位电荷在电场力作用下从场中某点移动到电势能零点过程中电场力做的功；

（2）电势由电场性质决定，与试验电荷无关，电场中某点的电势具有相对性，与电势零点选取有关，电势零点与电势能零点相同；

（3）带电体为有限大时，一般选择"无穷远处"为电势零点，带电体为无限分布时，电势零点选取将视具体问题而定；

（4）在只受电场力作用下，由静止释放的正电荷将从高电势向低电势移动，即沿电场线方向电势降低。

四、电势差

电势差是指电场中任意两点电势的差值，其表达式为

$$U_{ab} = V_a - V_b = \int_a^b \boldsymbol{E} \cdot \mathrm{d}\boldsymbol{l}$$

说明：（1）电势差在数值上等于单位试验电荷在电场中从 a 点移动到 b 点的过程中电场力做的功；

（2）电势差具有绝对性，与电势零点的选取无关。

五、电势叠加原理

多个点电荷产生的电场中某点的电势等于每个点电荷单独存在时在该点产生电势的代数和，其表达式为

$$V = \sum V_i = V_1 + V_2 + \cdots$$

六、电势计算

❖ **解题步骤**

（1）对于点电荷，利用以下表达式计算，即

$$V = \frac{1}{4\pi\varepsilon_0} \cdot \frac{Q}{r}$$

（2）对于点电荷系，利用叠加原理计算，即

$$V = V_1 + V_2 + \cdots = \sum \left(\frac{1}{4\pi\varepsilon_0} \frac{Q_i}{r_i} \right)$$

（3）对于电荷连续分布的带电体，利用微积分法计算，即

$$\mathrm{d}V = \frac{1}{4\pi\varepsilon_0} \frac{\mathrm{d}q}{r}$$

$$V = \int_Q \mathrm{d}V = \int_Q \frac{1}{4\pi\varepsilon_0} \frac{\mathrm{d}q}{r}$$

注意：此法一般用于解决有限大带电体问题，解题时先将带电体切割微分，确定任意一电荷元的电势，然后根据叠加原理积分得出结果。

（4）对于均匀带电圆环，其轴线上任一点的电势为

$$V = \frac{1}{4\pi\varepsilon_0} \frac{Q}{(R^2 + x^2)^{1/2}}$$

圆心处电势为

$$V = \frac{Q}{4\pi\varepsilon_0 R}$$

（5）对于均匀带电球面，其球面内任一点的电势为

$$V = \frac{Q}{4\pi\varepsilon_0 R} \quad \text{（电势处处相等）}$$

球面外任一点的电势为

$V = \dfrac{Q}{4\pi\varepsilon_0 r}$ （相当于将电荷集中在球心处的点电荷在球面外空间产生电场的电势）

例题精解

例题 3：如图 5-3（a）所示，半径为 R、电荷体密度为 ρ 的均匀带电球体内挖去一个以 O' 为球心、r' 为半径的球体，O 与 O' 的距离为 a，且 $a + r' < R$，求：（1）O' 处的电场强度；（2）O' 处的电势；（3）将点电荷 q 从 O' 处移至无穷远，电场力所做的功；（4）空腔内电场强度。

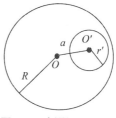

图 5-3　例题 3 图（1）

解：该带空腔的球体的电场可看作是一电荷体密度为 ρ 的大实心球体和在空腔位置处一电荷体密度为 $-\rho$ 的小实心球体电场的叠加。

（1）大实心球体在 O' 处的电场强度可由高斯定理求得，即

$$\oint_S \boldsymbol{E} \cdot \mathrm{d}\boldsymbol{S} = \dfrac{\sum q_i}{\varepsilon_0}$$

$$E_1 \cdot 4\pi a^2 = \dfrac{1}{\varepsilon_0} \cdot \dfrac{4}{3}\pi a^3 \rho$$

则 $E_1 = \dfrac{a\rho}{3\varepsilon_0}$，其方向 O 由指向 O'。

同理，带负电荷的小实心球体在 O' 处产生的电场强度也由高斯定理求得，即

$$E_2 \cdot 4\pi r^2 = \dfrac{1}{\varepsilon_0}\left(-\dfrac{4}{3}\pi r^3 \rho\right)$$

$$E_2 = -\dfrac{r\rho}{3\varepsilon_0}$$

因为 O' 处 $r = 0$，$E_2 = 0$，则 O' 处总电场强度为 $E = E_1 + E_2 = \dfrac{a\rho}{3\varepsilon_0}$，其方向由 O 指向 O'。

（2）大实心球体在 O' 处产生电势为

$$V_1 = \int_a^\infty \boldsymbol{E} \cdot \mathrm{d}\boldsymbol{r} = \int_a^\infty E \mathrm{d}r = \int_a^R \dfrac{r\rho}{3\varepsilon_0}\mathrm{d}r + \int_R^\infty \dfrac{1}{4\pi\varepsilon_0}\dfrac{4\pi R^3 \rho}{3r^2}\mathrm{d}r$$

$$= \dfrac{\rho}{6\varepsilon_0}(R^2 - a^2) + \dfrac{R^2 \rho}{3\varepsilon_0} = \dfrac{\rho}{6\varepsilon_0}(3R^2 - a^2)$$

小实心球体在 O' 处产生电势为

$$V_2 = \int_0^\infty \boldsymbol{E} \cdot \mathrm{d}\boldsymbol{r} = \int_0^{r'} -\frac{r\rho}{3\varepsilon_0}\mathrm{d}r + \int_{r'}^\infty -\frac{1}{4\pi\varepsilon_0}\frac{4\pi r'^3 \rho}{3r^2}\mathrm{d}r$$

$$= -\frac{\rho r'^2}{6\varepsilon_0} - \frac{r'^2 \rho}{3\varepsilon_0} = -\frac{\rho r'^2}{2\varepsilon_0}$$

则 O' 点处的电势为

$$V_{O'} = V_1 + V_2 = \frac{\rho}{6\varepsilon_0}(3R^2 - a^2 - 3r'^2)$$

（3）将点电荷 q 从 O' 处移到无穷远，电场力所做的功为

$$A_{O'\infty} = \frac{q\rho}{6\varepsilon_0}(3R^2 - a^2 - 3r'^2)$$

（4）由高斯定理可得，对均匀带电球体内任一点的电场强度其表达式为

$$E \cdot 4\pi r^2 = \frac{\rho}{\varepsilon_0}\frac{4\pi r^3}{3}$$

矢量式为

$$\boldsymbol{E} = \frac{\rho \boldsymbol{r}}{3\varepsilon_0}$$

根据叠加原理得，空腔内一点的电场强度为

$$\boldsymbol{E}_{\mathrm{in}} = \frac{\rho \boldsymbol{r}_1}{3\varepsilon_0} + \frac{(-\rho)\boldsymbol{r}_2}{3\varepsilon_0} = \frac{\rho}{3\varepsilon_0}(\boldsymbol{r}_1 - \boldsymbol{r}_2)$$

继而由图 5-4 可知，$|\boldsymbol{r}_1 - \boldsymbol{r}_2| = |\overrightarrow{OO'}| = a$，最后解得

$$E = \frac{\rho a}{3\varepsilon_0}$$

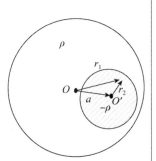

图 5-4　例题 3 图（2）

空腔内为均匀电场，电场强度的方向沿两球心连线 $O \to O'$。

大学物理（上册）导学教程

班级：_____ 姓名：_____ 学号：_____ 任课教师：_____

授课章节	第五章　静电场 5-7 电势（下）；5-8 电场强度与电势梯度
目的要求	理解电势梯度的概念，掌握用电势分布计算电场强度分布的方法
重点难点	电势梯度的概念

主要内容

一、等势面

等势面有以下几种性质。

（1）等势面是由电势相等的点构成的面。等势面的疏密程度可以反映电场的强弱。

（2）规定任意相邻的两个等势面电势差相同。

（3）电场线与等势面垂直相交；电场线方向总是指向电势降低的方向；电场线越密集，等势面间距越小，电场强度就越大。

二、电场强度与电势梯度的关系

电场强度与电势梯度的关系为

$$E = -\text{grad}\, V = -\nabla V \quad (\nabla = \frac{\partial}{\partial x}\boldsymbol{i} + \frac{\partial}{\partial y}\boldsymbol{j} + \frac{\partial}{\partial z}\boldsymbol{k})$$

例题精解

例题 4：如图 5-5 所示，半径为 R 的均匀带电圆盘，其电荷面密度为 σ，试求在圆盘轴线上距圆盘中心 O 为 x 的任一定点 P 处的电场强度（简称场强）和电势。

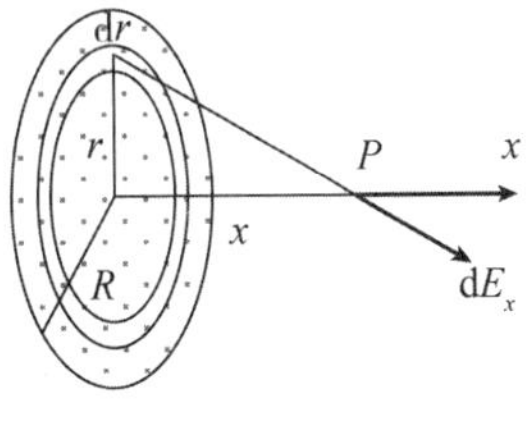

解：（1）求场强。把圆盘分为许多圆环，半径为 r，带宽为 dr，其电荷量为 $dq = \sigma dS = \sigma 2\pi r dr$。

由题意可得 P 处的场强为

$$E = \int dE_x = \int \frac{1}{4\pi\varepsilon_0} \frac{x dq}{(x^2 + r^2)^{3/2}} = \int_0^R \frac{\sigma}{2\varepsilon_0} \frac{x r dr}{(x^2 + r^2)^{3/2}}$$

$$= \frac{\sigma}{2\varepsilon_0}(1 - \frac{x}{\sqrt{R^2 + x^2}})$$

图 5-5　例题 4 图

（2）求电势。

方法 1　根据电势定义，得 P 处的电势为

$$V = \int_P^\infty \boldsymbol{E} \cdot d\boldsymbol{l} = \int_x^\infty \frac{\sigma}{2\varepsilon_0}(1 - \frac{x}{\sqrt{R^2 + x^2}}) dx = \frac{\sigma}{2\varepsilon_0}(\sqrt{R^2 + x^2} - x)$$

方法 2　利用均匀带电圆环在轴线上的电势叠加，可知圆环在轴上距离环心为 x 处产生的电势为

学习笔录：

$$dV = \frac{\sigma 2\pi r dr}{4\pi\varepsilon_0 (r^2+x^2)^{\frac{1}{2}}}$$

因此，整个圆盘在轴线上 P 处产生的电势为

$$V = \frac{\sigma}{2\varepsilon_0}\int_0^R \frac{rdr}{\sqrt{r^2+x^2}} = \frac{\sigma}{2\varepsilon_0}(\sqrt{R^2+x^2}-x)$$

显然，此结果只有当电荷在圆盘上均匀分布时才成立。

| 班级： | 姓名： | 学号： | 任课教师： |

授课章节	第六章　静电场中的导体与电介质 6-1 静电场中的导体；6-2 静电场中的电介质；6-3 电位移　有电介质时的高斯定理
目的要求	掌握导体的静电平衡条件，能分析导体中的电荷分布，计算有导体时的静电场中场强分布和电势分布；掌握有电介质时的高斯定理
重点难点	有电介质时的高斯定理

主要内容

一、导体处于静电平衡时的电场和电势特点

导体处于静电平衡时的特点为：导体内部场强处处为零，即 $E_内 = E_外 + E_感 = 0$；导体表面场强处处垂直表面，且 $E = \sigma/\varepsilon_0$；导体上各点电势处处相等，即导体是等势体。

二、静电平衡状态下导体电荷分布特点

静电平衡状态下，导体内部无净电荷存在，电荷全部分布在导体表面，且与曲率有关。

若导体为空腔导体，当腔内无带电体时，电荷只分布在外表面；当腔内电荷量代数和为 q 时，内表面电荷量 $-q$，外表面电荷由电荷守恒定律决定。

三、静电屏蔽的原理

静电屏蔽的原理是：一个接地的空腔导体可以隔离内外电场的相互影响。

注意：讨论有导体时的静电场分布问题的基本依据主要是电荷守恒定律、导体的静电平衡条件、高斯定理和电势的概念等。

四、有电介质时的电场强度

有电介质时的电场强度为

$$E = \frac{E_0}{\varepsilon_r}$$

式中：ε_r 为电介质的相对介电常数；E_0 为真空条件下的电场强度。

五、有电介质时的电位移

有电介质时的电位移为 D，其表达式为

$$D = \varepsilon_r \varepsilon_0 E = \varepsilon E \quad \text{（各向同性均匀电介质）}$$

注意：在有电介质时，电场强度与电介质有关，而电位移与电介质无关。

学习笔录：

电位移线起于正自由电荷,止于负自由电荷;电位移线密度等于电位移的大小,且是电场线密度的 ε 倍。

电位移通量为: $\Phi_D = \int_S \boldsymbol{D} \cdot \mathrm{d}\boldsymbol{S} = \int_S D\cos\theta \mathrm{d}S$。

六、有电介质时的高斯定理

有电介质时的高斯定理可表示为

$$\oint_S \boldsymbol{D} \cdot \mathrm{d}\boldsymbol{S} = \sum q_{0,i}$$

式中: $\sum q_{0,i}$ 仍为高斯面内所包围的自由电荷的代数和。

说明:对有电介质时的高斯定理的理解和应用,类似于真空中静电场的高斯定理。在解决有电介质时的电场分布问题时,一般先求出电位移分布,再利用电位移定义求出电场强度分布。

例题精解

例题1:如图6-1所示,有一个电荷量为+q、半径为 R_1 的导体球,与内外半径分别为 R_3、R_4,电荷量为-q 的导体球壳同心,两者之间有两层均匀电介质,内层和外层电介质的介电常数分别为 ε_1、ε_2,且两电介质分界面也是与导体球同心的半径为 R_2 的球面。试求:(1)电位移矢量分布;(2)场强分布;(3)导体球与导体球壳的电势差。

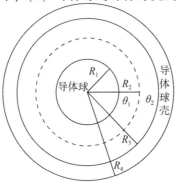

图6-1 例题1图

解:(1)由题意知,电场是球对称的,选球形高斯面 S,则

$$\oint_S \boldsymbol{D} \cdot \mathrm{d}\boldsymbol{s} = \sum_{S内} q_0$$

于是有

$$D \cdot 4\pi r^2 = \sum_{S内} q_0$$

最后得

$$D = \begin{cases} 0 & (r < R_1) \\ \dfrac{q}{4\pi r^2} & (R_2 < r < R_3) \\ 0 & (r > R_3) \end{cases}$$

D 的方向沿半径向外。

(2) 因为 $E = \dfrac{D}{\varepsilon}$，所以有

$$E = \begin{cases} 0 & (r < R_1) \\ \dfrac{q}{4\pi\varepsilon_1 r^2} & (R_1 < r < R_2) \\ \dfrac{q}{4\pi\varepsilon_2 r^2} & (R_2 < r < R_3) \\ 0 & (r > R_3) \end{cases}$$

E 与 D 同向，即沿半径向外。

(3) $V_{球} - V_{表} = \int_{R_1}^{R_3} \boldsymbol{E} \cdot \mathrm{d}\boldsymbol{r} = \int_{R_1}^{R_2} \boldsymbol{E} \cdot \mathrm{d}\boldsymbol{r} + \int_{R_2}^{R_3} \boldsymbol{E} \cdot \mathrm{d}\boldsymbol{r}$

$\qquad = \int_{R_1}^{R_2} \dfrac{q}{4\pi\varepsilon_1 r^2}\mathrm{d}r + \int_{R_2}^{R_3} \dfrac{q}{4\pi\varepsilon_2 r^2}\mathrm{d}r$

$\qquad = \dfrac{q}{4\pi\varepsilon_1}\left[\dfrac{1}{R_1} - \dfrac{1}{R_2}\right] + \dfrac{q}{4\pi\varepsilon_2}\left[\dfrac{1}{R_2} - \dfrac{1}{R_3}\right]$

$\qquad = \dfrac{q\left[(R_2 - R_1)\varepsilon_2 R_3 + (R_3 - R_2)\varepsilon_1 R_1\right]}{4\pi\varepsilon_1\varepsilon_2 R_1 R_2 R_3}$

因此，导体球与导体球壳的电势差为 $\dfrac{q\left[(R_2 - R_1)\varepsilon_2 R_3 + (R_3 - R_2)\varepsilon_1 R_1\right]}{4\pi\varepsilon_1\varepsilon_2 R_1 R_2 R_3}$。

| 班级： | 姓名： | 学号： | 任课教师： |

授课章节	第六章　静电场中的导体与电介质 6-4 电容　电容器
目的要求	掌握电容的计算方法
重点难点	有电介质时的电容器的电容计算；电容器的并联与串联

主要内容

学习笔录：

一、电容的定义

电容是描述电容器储存电荷能力的物理量。

导体组电容器的电容为：$C = \dfrac{Q}{U_{AB}}$，其中，Q 是电容器一个极板电荷量的大小，U_{AB} 是两极板的电势差。

孤立导体的电容为：$C = \dfrac{Q}{V}$，其中，Q 是孤立导体的电荷量，V 是孤立导体的电势。

二、计算电容的一般方法

首先，设电容器极板电荷量为 Q 或电荷密度为 σ；然后，计算电容器中的电场强度 E；再计算电容器两板之间电势差 U_{AB}；最后，根据电容的定义求出电容 C。

三、几种典型电容器的电容

几种典型电容器的电容如下：

（1）孤立导体球：$C = 4\pi\varepsilon_r\varepsilon_0 R$；

（2）平行板电容器：$C = S\varepsilon_r\varepsilon_0/d$；

（3）同心球形电容器：$C = 4\pi\varepsilon_r\varepsilon_0 R_1 R_2/(R_2 - R_1)$；

（4）同轴柱形电容器：$C = 2\pi\varepsilon_r\varepsilon_0 L/\ln\dfrac{R_2}{R_1}$。

四、电容器的串联和并联

（1）电容器串联，其总电荷量、总电压（电势差）和总电容如下：

①总电荷量：$Q = Q_1 = Q_2 = \cdots$；

②总电压：$U = U_1 + U_2 + \cdots$；

③总电容：$\dfrac{1}{C} = \dfrac{1}{C_1} + \dfrac{1}{C_2} + \cdots$。

效果：电容器串联，能够提高电容器组的耐压程度，但不能增大电容。

（2）电容器并联，其总电荷量、总电压和总电容如下：

①总电荷量：$Q = Q_1 + Q_2 + \cdots$；

②总电压：$U = U_1 = U_2 = \cdots$；

③总电容：$C = C_1 + C_2 + \cdots$。

效果：电容器并联，能够增大电容器的电容，但不能提高耐压程度。

五、有电介质时的电容器的电容

当各向同性均匀电介质充满电容器两极板间时，电容器的电容表达式为

$$C = \varepsilon_r C_0$$

式中：C_0 为真空电容器的电容。在电容器中加入电介质，既可以提高电容器的耐压程度，又可以增大电容。

例题精解

例题 2：圆柱形电容器长度为 l，中心是半径为 R_1 的金属导线，外面包着两层同轴圆筒状均匀电介质，其分界面半径为 R；两电介质的相对介电常数分别为 ε_{r1}、ε_{r2}，最外面为金属圆筒，其内半径为 R_2；设两电介质的击穿场强同为 E_J，求圆柱形电容器的电容。

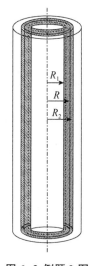

图 6-2 例题 2 图

解：设单位长度圆柱形电容器的电荷量为 λ，其电场为轴对称，沿径向方向，则令位于电介质内部的同轴圆柱形闭合面为高斯面（如图 6-2 所示），由高斯定理有

$$\oint_S \boldsymbol{D} \cdot \mathrm{d}\boldsymbol{S} = D \cdot 2\pi r h = \lambda h$$

求得

$$D = \frac{\lambda}{2\pi r}$$

由 $\boldsymbol{D} = \varepsilon_0 \varepsilon_r \boldsymbol{E}$，可得两电介质中的电场强度分别为

$$E_1 = \frac{\lambda}{2\pi \varepsilon_0 \varepsilon_{r1} r} \quad (R_1 < r < R)$$

$$E_2 = \frac{\lambda}{2\pi \varepsilon_0 \varepsilon_{r2} r} \quad (R < r < R_2)$$

电容器两电极之间的电势差为

$$\Delta V = \int_{R_1}^{R} \frac{\lambda}{2\pi\varepsilon_0\varepsilon_{r1}r}\mathrm{d}r + \int_{R}^{R_2} \frac{\lambda}{2\pi\varepsilon_0\varepsilon_{r2}r}\mathrm{d}r$$

$$= \frac{\lambda}{2\pi\varepsilon_0}\left(\frac{1}{\varepsilon_{r1}}\ln\frac{R}{R_1} + \frac{1}{\varepsilon_{r2}}\ln\frac{R_2}{R}\right)$$

由电容定义可知，此电容器电容为

$$C = \frac{Q}{\Delta V} = \frac{\lambda l}{\frac{\lambda}{2\pi\varepsilon_0}\left(\frac{1}{\varepsilon_{r1}}\ln\frac{R}{R_1} + \frac{1}{\varepsilon_{r2}}\ln\frac{R_2}{R}\right)}$$

$$= \frac{2\pi\varepsilon_0\varepsilon_{r1}\varepsilon_{r2}l}{\varepsilon_{r2}\ln\frac{R}{R_1} + \varepsilon_{r1}\ln\frac{R_2}{R}}$$

因此，圆柱形电容器的电容为 $\dfrac{2\pi\varepsilon_0\varepsilon_{r1}\varepsilon_{r2}l}{\varepsilon_{r2}\ln\dfrac{R}{R_1} + \varepsilon_{r1}\ln\dfrac{R_2}{R}}$。

大学物理（上册）导学教程

班级：_____　姓名：_____　学号：_____　任课教师：_____

授课章节	第六章　静电场中的导体与电介质 6-5　静电场的能量　能量密度
目的要求	掌握计算静电场能量的方法
重点难点	静电场能量的计算

主要内容

一、电容器的储能

电容器储能的表达式为

$$W_e = \frac{1}{2}\frac{Q^2}{C} = \frac{1}{2}CU^2 = \frac{1}{2}QU$$

在电路中，给电容器充电后，若保持电容器与电源连接，则电容器两极板间电压保持不变；若断开电容器与电源的连接，则电容器两极板电容量保持不变。

二、电场的能量

均匀电场的能量：$W_e = \frac{1}{2}\varepsilon E^2 V = \frac{1}{2}\frac{D^2}{\varepsilon}V = \frac{1}{2}DEV$。

均匀电场的能量密度：$\omega_e = \frac{W_e}{V} = \frac{1}{2}\varepsilon E^2 = \frac{1}{2}\frac{D^2}{\varepsilon} = \frac{1}{2}DE$。

任一电场的能量：$W_e = \int_V \omega_e \mathrm{d}V = \int_V \frac{1}{2}\varepsilon E^2 \mathrm{d}V = \int_V \frac{1}{2}\frac{D^2}{\varepsilon}\mathrm{d}V = \int_V \frac{1}{2}DE\mathrm{d}V$。

说明：在计算电场能量时可以使用两种方法，一种是利用电场的能量密度，通过对体积元能量积分求出电场能量；另一种方法可以利用在给带电体带电的过程中，外力克服电场力做功，根据功能的转换守恒关系，计算得出电场能量。

例题精解

例题 3：一平行板电容器，极板面积为 S，极板间距为 d，如图 6-2 所示，求：（1）插入厚为 $\frac{d}{2}$、面积为 S、相对介电常数为 ε_r 的电介质板后，其电容改变了多少？（2）若两极板的电荷量分别为 $\pm Q$，将该电介质板从电容器全部抽出需要做多少功？

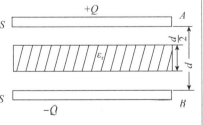

图 6-3　例题 3 图

解：（1）无电介质板时，电容器的电容为

学习笔记：

$$C_0 = \frac{\varepsilon_0 S}{d}$$

插入电介质板后，电容器的电容为

$$C = \frac{q}{U_{AB}} = \frac{\sigma S}{U_{AB}}$$

又因为

$$U_{AB} = E_1 \frac{d}{2} + E_2 \frac{d}{2} = \left(\frac{\sigma}{\varepsilon_0} + \frac{\sigma}{\varepsilon_0 \varepsilon_r}\right)\frac{d}{2}$$

则

$$C = \frac{2\varepsilon_0 \varepsilon_r S}{(\varepsilon_r + 1)d} = \frac{2\varepsilon_r}{(\varepsilon_r + 1)}C_0$$

（2）当电容两极板电荷量分别为 $\pm Q$ 时，将电介质板全部从电容器中抽出，所做的功应等于电容器储能的增量，即外界做功为

$$W = \Delta W_e = W_{e0} - W_e = \frac{Q^2}{2C_0} - \frac{Q^2}{2C} = \frac{d(\varepsilon_r - 1)}{4\varepsilon_0 \varepsilon_r S}Q^2$$

所以外界做正功。

授课章节	第九章 振动 9-1 简谐振动 振幅 周期和频率 相位；9-2 旋转矢量
目的要求	掌握描述简谐振动的各物理量（特别是相位）及相互关系；掌握旋转矢量法；并能用其分析有关问题；能根据已知条件写出简谐振动的振动方程
重点难点	振动方程的建立；旋转矢量法及应用

主要内容

一、简谐振动的特征

简谐振动的基本特征：恢复力 F 与位移成正比，方向相反，即

$$F = -kx$$

加速度与位移成正比，方向相反，即

$$a = -\omega^2 x$$

特征方程为

$$\frac{d^2 x}{dt^2} + \omega^2 x = 0$$

运动学特征方程为

$$x = A\cos(\omega t + \varphi)$$

对于竖直弹簧振子，x 也是位移，即相对于平衡位置的伸长。

二、描述简谐振动的特征物理量

振幅（A）反映质点振动的强弱，由振动系统的能量决定，振幅是质点离开平衡位置的最大位移的绝对值；

周期（T）、频率（v）、角频率（圆频率）（ω）均反映质点振动的快慢，由振动系统性质决定。周期是质点完成一次全振动的时间；频率是单位时间质点完成全振动的次数；角频率是质点相位变化的速率，其大小等于质点在单位时间内完成全振动次数的 2π 倍，即

$$\omega = \frac{2\pi}{T} = 2\pi v$$

由于简谐振动的频率跟振幅等其他特征物理量没有关系，而是由简谐振动系统本身的性质决定，所以角频率又叫作固有频率，有

$$\omega = \sqrt{\frac{k}{m}}$$

式中：k 为简谐振动系统的回复力系数；m 为振子质量。

当简谐振动系统为弹簧振子时，上式中 k 为弹簧的劲度系数，m 为悬挂在弹簧上物体的总质量（弹簧质量忽略不计）。

学习笔录：

相位 $(\omega t + \varphi)$ 是描述做简谐振动的物体运动状态的物理量，反映简谐振动的周期性。初相位 (φ) 是振动初始时刻的相位，即 $t = 0$ 时的振动状态，其值在 $0 \sim 2\pi$ 内变化，在一个周期内无重复状态。相位差 $\Delta\varphi = \varphi_2 - \varphi_1$，反映两个振动状态之间的关系。

三、简谐振动的描述方法

简谐振动的描述方法有数学法、图像法和旋转矢量法三种。

1. 数学法

简谐振动方程为

$$x = A\cos(\omega t + \varphi)$$

质点振动速度为

$$v = \frac{dx}{dt} = -\omega A \sin(\omega t + \varphi)$$

质点振动加速度为

$$a = \frac{d^2 x}{dt^2} = -\omega^2 A \cos(\omega t + \varphi)$$

其中：ωA 是最大振动速度；$\omega^2 A$ 是最大振动加速度。

由初始条件可以确定，振幅和初相位（以下简称初相）分别为

$$A = \sqrt{x_0^2 + \frac{v_0^2}{\omega^2}}, \quad \varphi = \arctan\left(-\frac{v_0}{\omega x_0}\right)$$

注意：相位通常由 $\sin\varphi = -\dfrac{v_0}{A\omega}$ 和 $\cos\varphi = \dfrac{x_0}{A}$ 共同决定。

2. 图像法

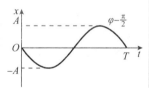

如图 9-1 所示，根据图像可以确定振动系统的振幅、周期、频率和相位。坐标原点的相位就是初相位，确定初相位后可以根据下一时刻振动曲线的变化方向确定振动方向。

图 9-1　图像法

3. 旋转矢量法

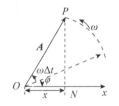

旋转矢量法是研究简谐振动的几何方法。简谐振动可以与一个匀角速度的圆周运动相对应。如图 9-2 所示，以振动方向为坐标轴，振幅 A 为矢量，令其以圆频率 ω 沿逆时针匀速旋转，A 端点 P 在 x 轴上的投影 N 的运动就是简谐振动。A 端点的轨迹是个圆，这个圆周运动的角速度为简谐振动的角频率，半径为简谐振动的振幅，圆心为平衡位置。$t = 0$ 时矢量 A 与 x 轴之间的夹角等于简谐振动的初相位 (φ)，在 t 时刻矢量 A 与 x 轴之间的夹角等于简谐振动在 t 时刻的相位 $(\omega t + \varphi)$。

图 9-2　旋转矢量法（1）

旋转矢量在不同象限时，运动状态不同，如图 9-3 所示。要根据 x_0、v_0 的正负，来判断确定 φ。旋转矢量在第一（Ⅰ）象限时，对应振动物体从正最大位移向平衡位置的运动，相位在 $0 \sim \dfrac{\pi}{2}$ 之间变化；旋转矢量在第二（Ⅱ）象限时，对应振动物体从平衡位置向负最大位移的运动，相位在 $\dfrac{\pi}{2} \sim \pi$ 之间变化；旋转矢量在第三（Ⅲ）象限时，对应振动物体从负最大位移向平衡位置的运动，相位在 $\pi \sim \dfrac{3\pi}{2}$ 之间变化；旋转矢量在第四（Ⅳ）象限时，对应振动物体从平衡位置向正最大位移的运动，相位在 $\dfrac{3\pi}{2} \sim 2\pi$ 之间变化。

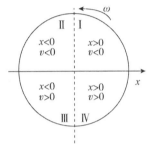

图 9-3　旋转矢量法（2）

用旋转矢量法确定相位的方法：如图 9-4 所示，首先过旋转矢量的端点作 x 轴的垂线得到初相位的两个可能取值，再根据质点下一时刻的振动方向确定 φ 所在象限，从而得到 φ 的取值。

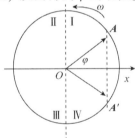

图 9-4　旋转矢量法（3）

如图 9-5 所示，若已知振动曲线则可判断下一时刻质点的振动方向。

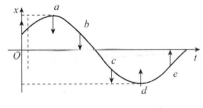

图 9-5　旋转矢量法（4）

例题精解

例题1：劲度系数为 k 的轻弹簧上端固定，下端连一质量为 M 的盘子。现有一质量为 m 的橡皮泥从离盘 h 的高度处自由下落到盘子中心处，并和盘子粘在一起，于是盘子和橡皮泥一起做简谐振动。若取平衡位置为原点，位移向下为正，并以弹簧开始振动时为计时起点，求简谐振动的表达式。

解：如图9-6所示，设平衡位置为坐标原点，向下为正，平衡位置在初始位置下方，位移为负。设盘子和橡皮泥一起做简谐振动的初速度为 v_0，橡皮泥从 h 高落下以速度 v 与盘子发生非弹性碰撞，由动量守恒，有

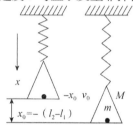

图 9-6 例题 1 图

$$mv = (M+m)v_0$$

又因为

$$\frac{1}{2}mv^2 = mgh$$

所以

$$v_0 = \frac{m\sqrt{2gh}}{M+m}$$

当橡皮泥未落入盘子前，弹簧伸长为 l_1，即 $Mg = kl_1$；当橡皮泥落入盘子后，弹簧伸长量为 l_2，即 $(M+m)g = kl_2$。

所以整个振动系统的初始状态，即盘子和橡皮泥一起开始运动时为

$$x_0 = -\frac{m}{k}g, \quad v_0 = \frac{m\sqrt{2gh}}{M+m}$$

振动系统的振幅 $A = \sqrt{x_0^2 + \left(\dfrac{v_0}{\omega}\right)^2}$，将 $\omega = \sqrt{\dfrac{k}{M+m}}$ 代入上式得

$$A = \frac{mg}{k}\sqrt{1 + \frac{2kh}{(M+m)g}}, \quad \varphi = \arcsin\left(\frac{-x_0}{\omega A}\right)$$

因为 $x_0 < 0$，$v_0 > 0$，所以 φ 应在第三象限，即 $\pi < \varphi < \dfrac{3}{2}\pi$。

授课章节	第九章 振动 9-4 简谐振动的能量；9-5 简谐振动的合成
目的要求	掌握描述简谐振动的能量的方法；掌握两个同方向同频率的简谐振动的合成规律
重点难点	两个同方向同频率的简谐振动的合成规律

主要内容

一、简谐振动的能量

在简谐振动的物体在任一时刻动能的表达式为

$$E_k = \frac{1}{2}mv^2 = \frac{1}{2}m\omega^2 A^2 \sin^2(\omega t + \varphi)$$

在简谐振动的物体在任一时刻势能的表达式为

$$E_p = \frac{1}{2}kx^2 = \frac{1}{2}kA^2 \cos^2(\omega t + \varphi)$$

在简谐振动的物体在任一时刻总能量和振幅平方成正比，其表达式为

$$E = 4\frac{1}{2}mv^2 + \frac{1}{2}kx^2 = \frac{1}{2}kA^2$$

简谐振动系统的能量特点：振动物体在平衡位置时动能最大，在最大位移处势能最大；振动过程中动能和势能不断转换，但系统的总能量保持不变，即系统机械能守恒。

简谐振动系统的能量表达式反映了振幅是表征振动系统能量特征的物理量，也是确定振幅的一种方法。

二、同方向同频率的简谐振动的合成

已知两个同方向同频率的简谐振动为

$$x_1 = A_1 \cos(\omega t + \varphi_1)$$
$$x_2 = A_2 \cos(\omega t + \varphi_2)$$

它们的合成仍是一个简谐振动，合振动方程可表示为

$$x = x_1 + x_2 = A\cos(\omega t + \varphi)$$

合振动的振幅和初相位为

$$A = \sqrt{A_1^2 + A_2^2 + 2A_1 A_2 \cos(\varphi_2 - \varphi_1)}$$

$$\tan \varphi = \frac{A_1 \sin \varphi_1 + A_2 \sin \varphi_2}{A_1 \cos \varphi_1 + A_2 \cos \varphi_2}$$

合振动加强和减弱的条件如下。

当两个分振动的相位差满足 $\Delta\varphi = 2k\pi$ ($k = 0, \pm 1, \pm 2, \cdots$) 时，即两个分振动同相时，系统合振动加强，合振幅有极大值 $A_{max} = |A_1 + A_2|$，合振动的相位与两个分振动的相位均相同。

学习笔录：

当两个分振动的相位差满足 $\Delta\varphi = (2k+1)\pi$ ($k = 0, \pm1, \pm2, \cdots$) 时，即两个分振动反相时，系统合振动减弱，合振幅有极小值 $A_{\min} = |A_1 - A_2|$，合振动的相位与两个分振动中振幅大的分振动的相位相同。

例题精解

例题 2：一质量为 0.1 kg 的物体，做振幅为 0.01 m 的简谐振动，最大加速度为 0.04 m/s²。试求：（1）振动周期；（2）总能量；（3）物体在何处时，其动能和势能相等。

解：（1）最大加速度 $a_m = A\omega^2$，则

$$\omega = \sqrt{\frac{a_m}{A}} = \sqrt{\frac{0.04}{0.01}}\ \text{s}^{-1} = 2\ \text{s}^{-1}$$

因此，$T = \dfrac{2\pi}{\omega} = \dfrac{2\pi}{2} = \pi$ s。

（2）简谐振动机械能守恒，任意时刻的总能量均为 $\dfrac{1}{2}kA^2$，而

$$k = m\omega^2 = 0.1 \times 4\ \text{kg} \cdot \text{s}^{-2} = 0.4\ \text{kg} \cdot \text{s}^{-2}$$

因此，有

$$E_\text{总} = \frac{1}{2} \times 0.4 \times (0.01)^2\ \text{J} = 2 \times 10^{-5}\ \text{J}$$

（3）动能为 $\dfrac{1}{2}mv^2$，势能为 $\dfrac{1}{2}kx^2$，当它们相等时，即

$$\frac{1}{2}kx^2 = \frac{1}{2}E_\text{总} = \frac{1}{2} \times \frac{1}{2}kA^2$$

$$x^2 = \frac{A^2}{2}$$

因此，有

$$x = \pm\frac{\sqrt{2}}{2}A = \pm\frac{\sqrt{2}}{2} \times 10^{-2}\ \text{m}$$

例题 3：有两个同方向同频率的简谐振动，其合振动的振幅为 0.20 m，合振动的相位与第一个分振动的相位差为 π/6，第一个分振动的振幅为 0.173 m，求第二个分振动的振幅及两个分振动的相位差。

解：如图 9-7 所示，取第一个分振动的旋转矢量 $\boldsymbol{A}_1$ 沿 x 轴，即令其初相为零；按题意，合振动的旋转矢量 $\boldsymbol{A}$ 与 $\boldsymbol{A}_1$ 之间的夹角 $\varphi = \pi/6$，根据矢量合成，可得第二个分振动的旋转矢量大小（即振幅）为

班级：________ 姓名：________ 学号：________ 任课教师：________

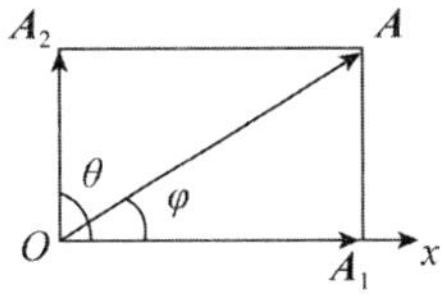

图 9-7 例题 3 图

$$A_2 = \sqrt{A_1^2 + A_2^2 - 2A_1A_2\cos\varphi} = 0.01\ \text{m}$$

由于 $\boldsymbol{A}_1$、$\boldsymbol{A}_2$、$\boldsymbol{A}$ 的大小恰好满足勾股定理，故 $\boldsymbol{A}_1$ 与 $\boldsymbol{A}_2$ 垂直，即第二个分振动与第一个分振动的相位差为 $\theta = \dfrac{\pi}{2}$。

| 班级： | 姓名： | 学号： | 任课教师： |

授课章节	第十章 波动 10-1 机械波的几个概念；10-2 平面简谐波的波函数
目的要求	了解机械波产生的条件、机械波的传播机理；掌握平面简谐波的波动方程及物理意义
重点难点	由各种已知条件导出相应的波动方程

主要内容

一、机械波的产生和描述其的特征物理量

1. 机械波的产生条件

机械波的产生条件：波源；弹性媒质（媒质）。

2. 机械波的分类

媒质中质点的振动方向与波的传播方向垂直的波叫横波；媒质中质点的振动方向与波的传播方向平行的波叫纵波。

3. 描述机械波的特征物理量

描述机械波的特征物理量主要有以下三个。

（1）周期（T）：反映波在传播时间上的周期性，等于波源的周期。

（2）波长（λ）：反映波在空间传播上的周期性，等于波传播时，在同一波线上相邻两个相位差为 2π 的质点之间的距离；也是一个周期内波在媒质中传播的距离。

（3）波速（u）：反映波传播的快慢和方向。

波速、波长与媒质有关，周期只与波源有关，波速、波长与周期之间的关系为

$$u = \frac{\lambda}{T} = \nu \lambda$$

二、波的形象描述

1. 几何描述

波面是振动状态相同的质点连成的面；波前是某时刻媒质中的波动所传到的各质点连成的面；波线是指向波的传播方向的线，在各向同性媒质中，波线总与波面垂直。

2. 波形图

图 10-1 所示的波形图，表示同一时刻波线上各质点的位移分布，随着时间的推移，该波形图将沿着波的传播方向移动，因而这种波也叫行波。

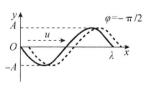

图 10-1 波形图

学习笔录：

3. 平面简谐波的波动方程（波函数）

平面简谐波是简谐振动在媒质中的传播，波面是平面。

波动方程实际上是波的传播方向上任一点的振动方程，其表达式为

$$y = A\cos\left[\omega\left(t \mp \frac{x}{u}\right) + \varphi\right]$$

$$y = A\cos\left[\left(\omega t \mp 2\pi\frac{x}{\lambda}\right) + \varphi\right]$$

$$y = A\cos\left[2\pi\left(\nu t \mp \frac{x}{\lambda}\right) + \varphi\right]$$

上述各式中"–"号表示波的传播方向与 x 轴正方向一致，"+"号则相反。

波动方程的物理意义：

（1）当 x 一定时，表示的是坐标为 x 的那一点的振动方程；

（2）当 t 一定时，给出的是该时刻 x 轴线上各点的位移在空间的分布（对横波而言即为该时刻 x 轴上各点的实际位移），即此刻的波形方程；

（3）当 x、t 均变化时，表示波线上的各不同质点在不同时刻的位移，即不仅反映了波形，而且反映了波形的传播，表现为波形的"跑动"。

根据已知条件求波动方程有以下两种方法：

（1）由已知条件写出坐标原点的振动方程，再写出波动方程；

（2）由已知条件直接写出波线上任一点的振动方程，即波动方程。

不论是写坐标原点的振动方程，还是写波线上任一点的振动方程，都既可以从时间上也可以从相位上找出已知点的振动与所要求出点的振动之间的关系。

例题精解

例题 1：已知一平面简谐波在介质中以速度 $u = 10 \text{ m} \cdot \text{s}^{-1}$ 沿 Y 轴负方向传播，若波线上点 A 的振动方程为 $x_A = 2\cos(2\pi t + \varphi_0)$，已知波线上另一点 B，位于点 A 的下游，且与点 A 相距 5 cm，试分别以 A 及 B 为坐标原点列出波动方程，并求出点 B 的振动速度最大值。

解：波沿 Y 轴负方向传播以点 A 为坐标原点时，平衡位置坐标为 y，并位于点 A 的上游，故将点 A 的振动方程中的 t 换成 $\left(t + \dfrac{y}{u}\right)$ 就为所求波动方程，即

$$x'_A = 2\cos\left[2\pi\left(t + \frac{y}{u}\right) + \varphi_0\right]$$

$$= 2\cos\left(2\pi t + 2\pi\frac{y}{10} + \varphi_0\right)$$

$$= 2\cos\left(2\pi t + \frac{\pi}{5}y + \varphi_0\right)$$

令上式中的 $y = -0.05$ m，可得点 B 的振动方程，即

$$x_B = 2\cos\left(2\pi t - \frac{\pi}{100} + \varphi_0\right) \quad (1)$$

同理，若将式（1）中的 t 换成 $\left(t + \frac{y}{u}\right)$，就得到以点 B 为坐标原点的波动方程为

$$x'_B = 2\cos\left[2\pi\left(t + \frac{y}{u}\right) - \frac{\pi}{100} + \varphi_0\right] = 2\cos\left(2\pi t + \frac{\pi}{5}y - \frac{\pi}{100} + \varphi_0\right) \quad (2)$$

将式（1）对 t 求导，得点 B 的振动速度为

$$v_B = \frac{dx_B}{dt} = -4\pi\sin\left(2\pi t - \frac{\pi}{100} + \varphi_0\right)$$

故点 B 的振动速度最大值为 4π m·s^{-1}。实际上这也是波线上任意一点振动速度最大值。

授课章节	第十章 波动 10-3 波的能量 能流密度；10-4 惠更斯原理 波的衍射和干涉
目的要求	掌握波的平均能量密度、平均能流、平均能流密度等概念；了解惠更斯原理及其应用；理解波的叠加原理；掌握波的干涉条件及干涉加强和减弱的条件
重点难点	波的叠加原理；掌握波的干涉条件及干涉加强和减弱的条件

主要内容

一、波的能量

机械波是行波，其主要特点是运动状态由一个质点传给相邻的质点，这同时意味着能量的传播（递）。由于机械波的能量呈传递态，我们无法描述整个机械波的能量，只能研究某一质点的能量，其动能、势能和总机械能的表达式分别为

$$\Delta E_k = \frac{1}{2}\rho \Delta V \omega^2 A^2 \sin^2\left[\omega\left(t - \frac{x}{u}\right) + \varphi\right]$$

$$\Delta E_p = \frac{1}{2}\rho \Delta V \omega^2 A^2 \sin^2\left[\omega\left(t - \frac{x}{u}\right) + \varphi\right]$$

$$\Delta E = \rho \Delta V \omega^2 A^2 \sin^2\left[\omega\left(t - \frac{x}{u}\right) + \varphi\right]$$

波的能量特点有以下几点。

（1）某处质点的动能和势能在任一时刻相位相同、大小相等，即当 x 和 t 一定时，动能和势能同时变化，同时达到最大值，同时达到最小值，因此机械能不守恒。

（2）质点在平衡位置时，其动能和势能均最大；在最大位移处，其动能和势能均最小（大小为0）。

（3）质点的总能量随时间做周期性变化，这正说明波动过程就是能量的传播过程。在质点从最大位移处回到平衡位置的过程中，其动能和势能同时增大，质点从前一个质点处获得能量；在质点离开平衡位置向最大位移处运动的过程中，其动能和势能同时减少，质点将能量向下一个质点传递。

平均能量密度是指单位体积的能量在一个周期内的平均值，其表达式为

$$\overline{\omega}_{能} = \frac{1}{2}\rho \omega^2 A^2$$

平均能流是指单位时间通过某一截面的能量在一个周期内的平均值，又称为波的功率，其表达式为

学习笔录：

$$\bar{p} = \bar{\omega}_{能} u S$$

平均能流密度是指通过垂直波的传播方向上单位面积的平均能流，又称为波的强度，其表达式为

$$I = \frac{\bar{p}}{S} = \bar{\omega}_{能} u = \frac{1}{2}\rho\omega^2 A^2 u$$

二、惠更斯原理

媒质中波传播到的各点都可以看作是发射子波的波源，在以后的任意时刻这些子波的包迹就是该时刻的波面。

应用：由某一时刻的波面确定出下一时刻的波面。

三、波的干涉

波的叠加原理：几列波在媒质中相遇时，各自保持独立的传播特性，同时在相遇区域内某质点的振动是各列波分别引起的振动的矢量和，如图 10-2 所示。

干涉条件：频率相同；振动方向相同；相位差恒定。对于同一波源产生的两列波，干涉条件取决于相位差。

两列相干波的叠加：相遇处合振动的振幅和合振动的初相位表达式为

$$A = \sqrt{A_1^2 + A_2^2 + 2A_1 A_2 \cos \Delta\varphi}$$

$$\Delta\varphi = \varphi_2 - \varphi_1 - 2\pi\frac{r_2 - r_1}{\lambda}$$

图 10-2 波的叠加

干涉加强和减弱的相位差条件：

（1）当 $\Delta\varphi = 2k\pi$，$k = 0, \pm 1, \pm 2, \cdots$ 时，$A = A_1 + A_2$，合振幅最大，干涉加强；

（2）当 $\Delta\varphi = (2k+1)\pi$，$k = 0, \pm 1, \pm 2, \cdots$ 时，$A = |A_1 - A_2|$，合振幅最小，干涉减弱。

干涉加强和减弱的波程差条件：

当 $\varphi_2 = \varphi_1$ 时，$\Delta\varphi = 2\pi\frac{r_2 - r_1}{\lambda} = 2\pi\frac{\delta}{\lambda}$，$\delta$ 为波程差（真空中的光程差），则：

（1）当 $\delta = 2k\frac{\lambda}{2}$，$k = 0, \pm 1, \pm 2, \cdots$ 时，干涉加强；

（2）当 $\delta = (2k+1)\frac{\lambda}{2}$，$k = 0, \pm 1, \pm 2, \cdots$ 时，干涉减弱。

例题精解

例题 2：两列相干平面简谐波沿 x 轴传播，波源 S_1 与 S_2 相距 $d = 30$ m，S_1 为坐标原点。已知 $x_1 = 9$ m 和 $x_2 = 12$ m 处的两质点是相邻的两个因干涉而静止的质点，求两波的波长和两波源的最小相位差。

解：设 S_1、S_2 的初相位为 φ_1、φ_2。因为题设 S_1 为坐标原点，所以 S_1、S_2 两波源发出的波分别传播到 $x_1 = 9$ m 处时，在此处引起振动的相位分别为 $\varphi_1' = \left[\varphi_1 - \dfrac{2\pi x_1}{\lambda}\right]$ 和 $\varphi_2' = \left[\varphi_2 - \dfrac{2\pi(d - x_1)}{\lambda}\right]$，此质点因干涉而静止，所以 S_1、S_2 在 $x_1 = 9$ m 处引起质点振动的相位差应等于 $(2k + 1)\pi$，即

$$\varphi_2' - \varphi_1' = \left[\varphi_2 - \dfrac{2\pi(d - x_1)}{\lambda}\right] - \left[\varphi_1 - \dfrac{2\pi x_1}{\lambda}\right] = (2k + 1)\pi$$

$$= \varphi_2 - \varphi_1 - \dfrac{2\pi(d - 2x_1)}{\lambda} = (2k + 1)\pi \qquad (1)$$

同理，S_1、S_2 在 $x_2 = 12$ m 处引起质点振动的相位差应等于 $(2k_1 + 1)\pi$。又因为两质点是相邻两个因干涉而静止的质点，故 $k_1 = k + 1$，则

$$\varphi_2'' - \varphi_1'' = \varphi_2 - \varphi_1 - \dfrac{2\pi(d - 2x_2)}{\lambda} = (2k + 3)\pi \qquad (2)$$

由式（1）和式（2）得 $\dfrac{4\pi(x_2 - x_1)}{\lambda} = 2\pi$，所以

$$\lambda = 2(x_2 - x_1) = 2 \times (12 - 9) \text{ m} = 6 \text{ m}$$

将 $\lambda = 6$ m 代入式（1），得

$$\varphi_2 - \varphi_1 = (2k + 1)\pi + \dfrac{2\pi(d - 2x_1)}{\lambda}$$

$$= (2k + 1)\pi + \dfrac{2\pi(30 - 2 \times 9)}{6} = (2k + 5)\pi$$

当 $k = -2$ 时，得到最小相位差，即 $\varphi_2 - \varphi_1 = \pi$。

例题 3：S_1 和 S_2 是波长均为 λ 的两相干波的波源，相距 $3\lambda/4$，S_1 的相位比 S_2 超前 $\pi/2$。当两波单独传播时，在 S_1 和 S_2 的直线上各质点的强度相同，都是 I_0，则在 S_1 和 S_2 连线上 S_1、S_2 外侧各质点合成波的强度分别是多少？

解： 如图 10-3 所示，S_1 和 S_2 两个相干波源所发出的波，在空间相遇处波的强度与合振幅的平方成正比，即 $I \propto A^2$。

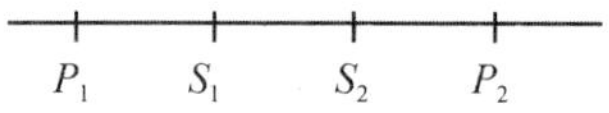

```
|----+----+----+----|
    P₁   S₁   S₂   P₂
```

图 10-3 例题 3 图

而

$$A^2 = A_0^2 + A_0^2 + 2A_0 A_0 \cos \Delta\varphi$$

$$\Delta\varphi = \varphi_2 - \varphi_1 - 2\pi \frac{r_2 - r_1}{\lambda}$$

对于 P_1 点，有

$$\varphi_2 - \varphi_1 = -\frac{\pi}{2}$$

$$2\pi \frac{r_2 - r_1}{\lambda} = \frac{2\pi}{\lambda} \cdot \frac{3}{4}\lambda = \frac{3}{2}\pi$$

$$A^2 = 2A_0^2 \left[1 + \cos\left(-\frac{\pi}{2} - \frac{3}{2}\pi\right) \right] = 4A_0^2$$

所以

$$I_1 = 4I_0$$

同理，有

$$I_2 = 0$$

因此，在 S_1 和 S_2 连线上 S_1、S_2 外侧各质点合成波的强度分别是 $4I_0$、0。

授课章节	第十章 波动 10-5 驻波
目的要求	理解驻波及其形成条件；了解驻波和行波的区别
重点难点	驻波及其形成条件

主要内容

一、驻波

1. 形成驻波的条件

两列振幅相等的相干波，在同一条直线上相向传播时形成驻波。驻波实际上是一种特殊的振动。

2. 驻波的特点

驻波有以下特点。

频率特点：各质点的振动频率都相同。

振幅特点：各质点的振幅与其所在位置有关，有周期性变化的规律；波线上有些点的振幅具有最大值，称为波腹，有些点始终静止不动，称为波节；波节将整个驻波分成若干段，形成稳定的分段振动。

相位特点：任意两相邻波节间各质点振动的相位相同；波节两侧各质点振动的相位差为 π。

能量特点：各质点的动能和势能都随时间变化，波腹和波节间还进行着动能和势能的转换，但没有振动状态的传递，因而也就没有能量的传递。

3. 驻波方程

驻波方程为

$$y = 2A\cos\left(2\pi\frac{x}{\lambda}\right) = 2A\cos(2\pi\nu t)$$

波节位置为

$$2A\cos\left(2\pi\frac{x}{\lambda}\right) = 0, \quad x = \pm(2k+1)\frac{\lambda}{4} \quad (k = 0, 1, 2, \cdots)$$

波腹位置为

$$\left|2A\cos\left(2\pi\frac{x}{\lambda}\right)\right| = 1, \quad x = \pm k\frac{\lambda}{2} \quad (k = 0, 1, 2, \cdots)$$

4. 半波损失

波从波疏媒质向波密媒质传播，在界面上反射时，反射波的相位出现 π 的突变，相当于损失了半个波长的波程差。

学习笔录：

授课章节	第十二章　气体动理论 12-1 平衡态　理想气体物态方程　热力学第零定律；12-2 物质的微观模型　统计规律性；12-3 理想气体的压强公式；12-4 理想气体分子的平均平动动能与温度的关系；12-5 能量均分定理　理想气体的内能
目的要求	理解理想气体的压强公式和温度公式；理解理想气体分子的能量均分定理，并会应用该定理计算理想气体的内能
重点难点	理想气体分子的压强公式的推导和应用；温度的实质、内能

主要内容

一、平衡态（热平衡状态）

在平衡态下，系统内部各部分宏观性质相同，并不随时间变化。气体各部分密度均匀、压强均匀、温度均匀都可以作为判断平衡态的条件。气体从一个平衡态变化到另一个平衡态的过程中，所经历的每一个中间状态都可以近似看作是平衡态，这样的状态变化过程称为平衡过程，也叫作准静态过程。

二、理想气体模型及理想气体物态方程

1. 宏观模型

理想气体的宏观模型是严格遵守实验三定律的气体。一般地，当气体密度不太高、压强不太大、温度不太低时，就可以看作是理想气体，本书中讨论的均为理想气体。

2. 微观模型

理想气体的微观模型中，气体分子可以看作是质点，分子间的碰撞是弹性碰撞，除了碰撞以外，分子间没有相互作用。

3. 理想气体物态方程

在平衡态下，理想气体物态参量满足

$$pV = \frac{m'}{M}RT \quad 或 \quad p = nkT$$

其中：普适气体常量 $R = 8.31 \text{ J/(mol·K)}$；玻耳兹曼常数 $k = 1.38 \times 10^{-23} \text{ J/K}$；分子数密度 $n = \frac{N}{V}$。

三、理想气体的压强公式和温度公式

理想气体的压强公式为

$$p = \frac{2}{3}n\bar{\varepsilon}_k$$

其中：$\bar{\varepsilon}_k$ 是理想气体分子的平均平动动能。

学习笔录：

理想气体的温度公式为

$$\bar{\varepsilon}_k = \frac{1}{2}m\bar{v^2} = \frac{3}{2}kT$$

上述公式反映了压强和温度的微观意义，压强反映了大量气体分子对器壁碰撞的宏观结果，是微观量的宏观统计平均值。

四、能量均分定理与内能

1. 气体分子的自由度

单原子气体分子，只有 3 个平动自由度，$i=3$。

双原子气体分子，有 3 个平动自由度和 2 个转动自由度，$i=5$。

多原子气体分子，有 3 个平动自由度和 3 个转动自由度，$i=6$。

2. 理想气体分子的能量均分定理

在平衡态时，每个理想气体分子在每个自由度的平均动能均为 $\frac{1}{2}kT$。

1 个理想气体分子的平均动能：$\bar{\varepsilon} = \frac{i}{2}kT$。

1 mol 理想气体分子的平均动能：$\bar{\varepsilon} = \frac{i}{2}RT$。

3. 理想气体的内能

理想气体的分子势能可以视为零，所以理想气体的内能就等于理想气体的分子动能，记为

$$E = \frac{m'}{M} \cdot \frac{i}{2}RT$$

一定质量的理想气体的内能变化为

$$\Delta E = \frac{m'}{M} \cdot \frac{i}{2}R\Delta T$$

例题精解

例题 1：温度为 0 ℃时，1 mol 氦气、氢气、二氧化碳的内能各为多少？

解：氦气为单原子气体，$i=3$，故其内能为

$$E = \frac{3}{2}RT = \frac{3}{2} \times 8.31 \times 273 \text{ J} = 3.40 \times 10^3 \text{ J}$$

氢气为双原子气体，因此氢气分子视为刚性分子，$i=5$，故其内能为

$$E = \frac{5}{2}RT = \frac{5}{2} \times 8.31 \times 273 \text{ J} = 5.67 \times 10^3 \text{ J}$$

二氧化碳为多原子气体，$i=6$，故其内能为

$$E = \frac{6}{2}RT = \frac{6}{2} \times 8.31 \times 273 \text{ J} = 6.81 \times 10^3 \text{ J}$$

授课章节	第十二章　气体动理论 12-6 麦克斯韦气体分子速率分布律；12-8 分子的平均碰撞频率和平均自由程
目的要求	了解麦克斯韦气体分子速率分布律、速率分布函数和速率分布曲线的物理意义；了解气体分子热运动的算术平均速率、方均根速率
重点难点	对麦克斯韦气体分子速率分布律的理解

主要内容

一、麦克斯韦气体分子速率分布律

1. 速率分布曲线

速率分布曲线即速率分布函数的曲线，v 为横轴，$f(v)$ 为纵轴。速率分布曲线对应的峰值称为最可几速率，反映气体分子速率取值在最可几速率附近单位速率区间的气体分子数占总气体分子数的百分比最大。

对于同种气体分子，在不同温度下实验，速率分布曲线的峰值变化表现为：若温度升高，则峰值下降，最可几速率向着气体分子速率增大的方向移动；若温度降低，情况则反之。

对于不同种气体分子，在相同温度下实验，速度分布曲线表现为：气体分子质量越大，速度分布曲线峰值越高，最可几速率越小。

2. 3 种气体分子速率

最可几（概然）速率：对应速率分布函数极大值的气体分子速率，其表达式为

$$v_\mathrm{p} = \sqrt{\frac{2kT}{m}} = \sqrt{\frac{2RT}{M}}$$

算术平均速率：大量气体分子速率的算术平均值，其表达式为

$$\bar{v} = \sqrt{\frac{8kT}{\pi m}} = \sqrt{\frac{8RT}{\pi M}}$$

方均根速率：大量气体分子速率平方平均值的平方根，其表达式为

$$\sqrt{\overline{v^2}} = \sqrt{\frac{3kT}{m}} = \sqrt{\frac{3RT}{M}}$$

其中：m、M 分别为单个气体分子的质量和该气体分子的摩尔质量。

二、平均碰撞频率和平均自由程

平均碰撞频率：单位时间每个气体分子与其他气体分子的平均碰撞次数，其表达式为

$$\bar{Z} = \sqrt{2}\,\pi d^2 \bar{v} n$$

学习笔录：

平均自由程：气体分子在连续两次碰撞之间所经过的直线路程的平均值，其表达式为

$$\bar{\lambda} = \frac{\bar{v}}{\bar{Z}} = \frac{1}{\sqrt{2}\pi d^2 n}$$

其中：d 是气体分子的有效直径；$n = \frac{N}{V}$。

根据理想气体物态方程 $p = nkT$，平均自由程还可以表示为

$$\bar{\lambda} = \frac{kT}{\sqrt{2}\pi d^2 p}$$

例题精解

例题2：速率分布函数为 $f(v)$，说明下列各表达式的物理意义：
(1) $f(v)\mathrm{d}v$；(2) $nf(v)\mathrm{d}v$，其中，n 是气体分子数密度；(3) $\int_0^{v_\mathrm{p}} f(v)\mathrm{d}v$，其中，$v_\mathrm{p}$ 是最可几速率；(4) $\int_{v_\mathrm{p}}^{\infty} Nf(v)\mathrm{d}v$。

解：(1) $f(v)\mathrm{d}v$ 表示速率在 $v \sim (v+\mathrm{d}v)$ 之间的气体分子数占总气体分子数的百分比；

(2) $nf(v)\mathrm{d}v$ 表示单位体积内，速率在 $v \sim (v+\mathrm{d}v)$ 之间的气体分子数；

(3) $\int_0^{v_\mathrm{p}} f(v)\mathrm{d}v$ 表示速率在 $0 \sim v_\mathrm{p}$ 之间的气体分子数占总气体分子数的百分比；

(4) $\int_{v_\mathrm{p}}^{\infty} Nf(v)\mathrm{d}v$ 表示气体分子速率大于最可几速率的气体分子的数目。

授课章节	第十三章　热力学基础 13-1 准静态过程　功　热量；13-2 热力学第一定律　内能
目的要求	掌握功和热量的概念；理解准静态过程；掌握热力学第一定律
重点难点	热力学第一定律；内能

主要内容

一、热力学基本规律

1. 热力学第零定律

如果系统 A、B 分别和系统 C 的同一状态处于热平衡，那么系统 A 与系统 B 接触时，它们也必定处于热平衡。

2. 热力学第一定律

热力学第一定律就是不同形式的能量在传递与转换过程中守恒的定律，其表达式为

$$Q = W + \Delta E \quad \text{或} \quad \mathrm{d}Q = \mathrm{d}W + \mathrm{d}E \text{（微分形式）}$$

上式表明，系统从外界吸收的热量，一部分使系统的内能增加，另一部分对外界做功。

规定：Q 的正负，分别表示系统从外界吸收热量和向外界放出热量；系统对外做功，W 为正，外界对系统做功，W 为负；$\Delta E > 0$，表示内能增加，$\Delta E < 0$，表示内能减少。

二、准静态过程的功和内能

1. 准静态过程

当系统的状态发生变化时，如果变化的时间缓慢，那么在过程中间的任意时刻，系统均可以看作是平衡态，这样的过程称为准静态过程。

系统变化时间的快慢是相对的。例如，气缸中处于平衡态的气体压缩后再回到平衡态的时间是 10^{-3} s，如果在某一实际过程中压缩时间是 1 s，那么这一过程也可以认为是准静态过程。

2. 准静态过程的功

准静态过程的功的表达式为

$$\mathrm{d}W = p\mathrm{d}V$$

$$W = \int_{V_1}^{V_2} p\mathrm{d}V$$

说明：借助 p-V 曲线包围的面积可以求出准静态过程的功。

学习笔录：

3. 内能改变

内能改变的表达式为

$$\Delta E = \frac{m'}{M} \cdot \frac{i}{2} R \Delta T$$

理想气体的内能只与温度有关，温度升高，内能增加；温度降低，内能减少；温度不变，内能不变。系统温度每升高 1 ℃ 或 1 K，内能改变相同。

| 班级： | 姓名： | 学号： | 任课教师： |

授课章节	第十三章 热力学基础 13-3 理想气体的等体过程和等压过程 摩尔热容；13-4 理想气体的等温过程和绝热过程 多方过程
目的要求	掌握热力学第一定律；能分析、计算理想气体等容过程、等压过程、等温过程和绝热过程中的功、热量、内能改变量
重点难点	等值过程的计算；绝热过程的分析

主要内容

一、等值过程和绝热过程

等值过程包括等体过程、等压过程和等温过程；对等值过程和绝热过程的分析如下。

1. 等体（容）过程

等体过程的分析有以下几个方面：

(1) 特点：$dV = 0$，$V = C$；

(2) 状态方程：$\dfrac{p}{T}$ = 恒量；

(3) p-V 曲线：一条平行纵轴的直线；

(4) 功：$W = 0$；

(5) 内能：$\Delta E = \dfrac{m'}{M} C_V (T_2 - T_1)$；

(6) 热量：$Q = \Delta E = \dfrac{m'}{M} C_V (T_2 - T_1)$；

(7) 可实现过程：

①等容升压（升温），内能增加，系统吸热；

②等容降压（降温），内能减少，系统放热。

等体过程的内能和热量表达式中 $C_V = \dfrac{i}{2} R$，称为定容摩尔热容。

2. 等压过程

等压过程的分析有以下几个方面：

(1) 特点：$dp = 0$，$p = C$；

(2) 状态方程：$\dfrac{V}{T}$ = 恒量；

(3) p-V 曲线：一条平行横轴的直线；

(4) 功：$W = p(V_2 - V_1)$；

(5) 内能：$\Delta E = \dfrac{m'}{M} C_V (T_2 - T_1)$；

学习笔记：

（6）热量：$Q = \Delta E + W = \dfrac{m'}{M}C_p(T_2 - T_1)$，其中 $C_p = \dfrac{i+2}{2}R$，称为定压摩尔热容；

（7）可实现过程：

①等压膨胀（升温），系统对外界做功，且内能增加，系统吸热；

②等压压缩（降温），外界对系统做功，且内能减少，系统放热。

等压过程的内能和热量表达式中 C_p 和 C_V 的关系为：$C_p = C_V + R$。

3. 等温过程

等温过程的分析有以下几个方面：

（1）特点：$dT = 0$，$T = C$；

（2）状态方程：$pV = $ 恒量；

（3）p-V 曲线：双曲线的一部分；

（4）功：$W = \dfrac{m'}{M}RT\ln\dfrac{V_2}{V_1} = \dfrac{m'}{M}RT\ln\dfrac{p_1}{p_2}$；

（5）内能：$\Delta E = 0$；

（6）热量：$Q = W = \dfrac{m'}{M}RT\ln\dfrac{V_2}{V_1} = \dfrac{m'}{M}RT\ln\dfrac{p_1}{p_2}$；

（7）可实现过程：

①等温膨胀，系统对外界做功，系统吸热；

②等温压缩，外界对系统做功，系统放热。

4. 绝热过程

绝热过程的分析有以下几个方面：

（1）特点：$dQ = 0$，$Q = 0$；

（2）状态方程：$pV^\gamma = $ 恒量，$V^{\gamma-1}T = $ 恒量，$p^{\gamma-1}T^{-\gamma} = $ 恒量；

（3）p-V 曲线：比双曲线陡的一条曲线，随着体积增大，温度降低；

（4）热量：$Q = 0$；

（5）内能：$\Delta E = \dfrac{m'}{M}C_V(T_2 - T_1)$；

（6）功：$W = -\Delta E = \dfrac{m'}{M}C_V(T_1 - T_2)$ 或 $W = \int_{V_1}^{V_2}pdV = \dfrac{p_1V_1 - p_2V_2}{\gamma - 1}$，其中 $\gamma = \dfrac{i+2}{i}R$，称为热容比；

（7）可实现过程：

①绝热膨胀，系统对外界做功，内能减少（温度降低）；

②绝热压缩，外界对系统做功，内能增加（温度升高）。

例题精解

例题1：某理想气体组成的系统，分别经历了图 13-1 所示的三个过程，其中过程 2 为绝热过程，问：过程 1 和 3 哪个是吸热过程，哪个是放热过程？

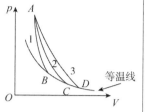

图 13-1 例题 1 图

解：对于过程 2，因为是绝热过程，所以 $0 = dE + (pdV)_2$，得

$$dE = -(pdV)_2$$

对于过程 1 有

$$dQ_1 = dE + (pdV)_1, \quad dQ_1 = (pdV)_1 - (pdV)_2$$

在 $p\text{-}V$ 曲线上，已知曲线下的面积对应该过程系统对外界做的功，因此

$$dQ_1 = (pdV)_1 - (pdV)_2 < 0$$

同理，有

$$dQ_3 = (pdV)_3 - (pdV)_2 > 0$$

也就是说，过程 1 和 3 分别是放热过程和吸热过程。

授课章节	第十三章 热力学基础 13-5 循环过程 卡诺循环
目的要求	掌握循环效率的计算方法
重点难点	卡诺循环

主要内容

一、循环过程

循环过程是指系统从某一状态出发，经过一系列过程的变化，又回到原来状态。循环过程在状态图上表现为一闭合曲线。

1. 正循环过程

正循环过程反映了热机工作原理，即系统吸热，且用于系统对外界做功。

（1）特点：$\Delta E = 0$，$W > 0$，$Q_{净} = Q_1 - Q_2 = W_{净}$。

（2）循环效率为

$$\eta = \frac{W_{净}}{Q_{吸}} = 1 - \frac{Q_2}{Q_1}$$

其中：Q_1 是系统与高温热源交换的热量；Q_2 是系统与低温热源交换的热量。Q_1 和 Q_2 在计算时取绝对值。

2. 逆循环过程

逆循环过程反映了制冷机的工作原理，即外界对系统做功，系统向外界放热。

（1）特点：$\Delta E = 0$，$W < 0$，$Q_{净} = Q_1 - Q_2 = W_{净}$。

（2）制冷系数为

$$e = \frac{Q_2}{W_{净}} = \frac{Q_2}{Q_1 - Q_2}$$

其中：Q_1 是系统与高温热源交换的热量；Q_2 是系统与低温热源交换的热量。Q_1 和 Q_2 在计算时取绝对值。

二、卡诺循环

卡诺循环是指由两个等温过程和两个绝热过程构成的循环过程。卡诺热机是工作在两个恒温热源之间的理想热机，只与两个热源有热交换。在 p-V 曲线上，卡诺循环由两条等温线和两条绝热线组成。

卡诺热机的循环效率为

$$\eta_{卡} = 1 - \frac{T_2}{T_1}$$

学习笔录：

卡诺制冷机的制冷系数为

$$e_{卡} = \frac{T_2}{T_1 - T_2}$$

其中：T_1 为高温热源温度；T_2 为低温热源温度。卡诺热机循环效率只与两个热源的温度有关。

例题精解

例题 2：一定量的双原子气体分子原来体积为 20 L，压强为 2 atm（1 atm = 1.013×10⁵ Pa），进行如图 13-2 所示的循环过程。先从初始状态等容加热至 4 atm，然后经等温膨胀至体积 40 L，最后经等压压缩回到初始状态。求：(1) 循环过程中气体对外界做的净功；(2) 循环效率。

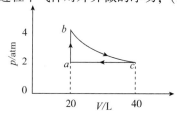

图 13-2 例题 2 图

解：(1) 过程 $a \to b$ 为等容吸热过程，系统吸收的热量为

$$Q_1 = \frac{m'}{M}C_V(T_b - T_a) = \frac{m'}{M}\frac{i}{2}R(T_b - T_a) = \frac{i}{2}(p_b V_b - p_a V_a)$$

$$= \frac{5}{2} \times 20 \times 10^{-3} \times (4 - 2) \times 1.013 \times 10^5 \text{ J} = 1.013 \times 10^4 \text{ J}$$

过程 $b \to c$ 为等温膨胀、吸热过程，系统吸收的热量为

$$Q_2 = \frac{m'}{M}RT_b \ln\frac{V_c}{V_b} = p_b V_b \ln\frac{V_c}{V_b}$$

$$= 4 \times 1.013 \times 10^5 \times 20 \times 10^{-3} \times \ln 2 \text{ J} = 5.62 \times 10^3 \text{ J}$$

过程 $c \to a$ 为等压压缩、放热过程，系统放出的热量为

$$Q_3 = \frac{m'}{M}C_p(T_c - T_a) = \frac{m'}{M}\frac{i+2}{2}R(T_c - T_a) = \frac{i+2}{2}(p_c V_c - p_a V_a)$$

$$= \frac{7}{2} \times 2 \times 1.013 \times 10^5 \times (40 - 20) \times 10^{-3} \text{ J} = 1.42 \times 10^4 \text{ J}$$

循环过程中气体所做的净功为

$$W = Q_1 + Q_2 - Q_3 = 1.5 \times 10^3 \text{ J}$$

(2) 由于 $Q_{放} = Q_3 = 1.42 \times 10^4 \text{J}$，$Q_{吸} = Q_1 + Q_2 = 1.57 \times 10^4 \text{J}$，故循环效率为

$$\eta = 1 - \frac{Q_{放}}{Q_{吸}} = \left(1 - \frac{1.42 \times 10^4}{1.57 \times 10^4}\right) \times 100\% = 9.9\%$$

授课章节	第十三章　热力学基础 13-6 热力学第二定律的表述　卡诺定理；13-7 熵　熵增加原理；13-8 热力学第二定律的统计意义
目的要求	了解可逆过程和不可逆过程；了解熵及其物理意义；了解热力学第二定律及其统计意义
重点难点	热力学第二定律；熵及其物理意义

主要内容

一、热力学第二定律

热力学第二定律有开尔文表述和克劳修斯表述两种形式。

（1）开尔文表述：不可能从单一热源吸热使之完全变成有用功而不引起其他变化。

（2）克劳修斯表述：热量不可能自动地从低温物体传向高温物体而不引起其他变化。

两种表述等价。热力学第二定律指明了宏观热力学现象具有方向性，也就是说，满足热力学第一定律（能量守恒）的热力学过程不一定都能够实现，还要看它是否满足热力学第二定律。热力学第二定律也否定了第二类永动机出现的可能，第二类永动机不违背能量守恒定律，但是不可能实现。

二、可逆过程与不可逆过程

一个系统由某一状态出发经某一过程到达另一状态，如果存在另一过程使系统回到原来状态，同时又完全消除原来过程时外界产生的一切影响，则称原来的过程为可逆过程；反之，若用任何方法都不能使系统和外界完全复原，则称原来的过程为不可逆过程。一切与热现象有关的宏观过程都具有不可逆性。

三、卡诺定理

卡诺定理：工作在两个恒温热源之间的一切可逆热机，其效率都相等，与工作物质无关；工作在两个恒温热源之间的一切不可逆热机，其效率都小于可逆热机的效率，即

$$\eta_{可逆} = 1 - \frac{T_2}{T_1}, \quad \eta_{不可逆} < 1 - \frac{T_2}{T_1}$$

提高热机效率的途径：提高高温热源温度；降低低温热源的温度；增大两个热源的温差。

四、熵

熵是系统的状态函数，也是系统的分子热运动无序程度的量度。系统状态越有序，熵值越小；反之，越大。

学习笔录：

熵的表达式为
$$S = k\ln W$$
其中：W 称为热力学概率，是系统任一宏观状态对应的微观状态数目。

熵增加原理：在孤立系统中发生的一切可逆过程，其熵不变；而孤立系统中发生的一切不可逆过程，其熵都要增加。熵增加原理也就是指孤立系统中的熵永不减少，其表达式为
$$\Delta S \geq 0$$

熵的变化（ΔS）描述了宏观过程的方向性，可以判断不可逆过程进行的方向。

熵的热力学表示：在可逆过程中，系统从状态 A 改变到状态 B，其热温比（热量比为可逆等温过程中吸收或放出的热量与热源温度之比）的积分只取决于始末状态，而与过程无关。据此可知热温比的积分是状态函数的增量，此状态函数称为熵，即
$$S_B - S_A = \int_A^B \frac{dQ}{T}$$

例题精解

例题 3：如图 13-3 所示，请判断下面两个循环过程是否可能发生？

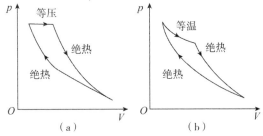

图 13-3 例题 3 图

解：由图可知，图 13-3（a）的等压过程和图 13-3（b）的等温过程为吸热过程。两个绝热过程的总效果是对外做功。一个系统从高温热源吸收热量，然后对外做功，这是符合能量守恒定律（热力学第一定律）的。但是，我们知道绝热过程和外界没有热量交换，也就是说，经过一个循环过程，图 13-3（a）的等压过程和图 13-3（b）的等温过程在高温吸收的热量全部转化为功，并没有在低温释放部分热量，这是违背热力学第二定律的，因此，图 13-3（a）和图 13-3（b）的两个循环过程在实际生活中是不可能发生的。

授课章节	第十四章　相对论 14-1 伽利略变换式　经典力学的绝对时空观； 14-3 狭义相对论的基本原理　洛伦兹变换式；14-4 狭义相对论的时空观
目的要求	理解狭义相对论的基本原理；理解并掌握洛伦兹变换；理解狭义相对论的时空观
重点难点	狭义相对论的基本原理、狭义相对论的时空观

主要内容

学习笔录：

一、爱因斯坦假设

1. 相对性原理

相对性原理是指物理学规律在所有惯性系中都具有相同的形式，或物理学规律与惯性系的选择无关，所有的惯性系都是等价的。

2. 光速不变原理

在所有惯性系中，测得真空中光速均有相同的量值 c。

二、洛伦兹变换

洛伦兹变换式为

$$\begin{cases} x' = \gamma(x - vt) \\ y' = y \\ z' = z \\ t' = \gamma\left(t - \dfrac{v}{c^2}x\right) \end{cases} \quad （正变换式）$$

$$\begin{cases} x = \gamma(x' + vt') \\ y = y' \\ z = z' \\ t = \gamma\left(t' + \dfrac{v}{c^2}x'\right) \end{cases} \quad （逆变换式）$$

收缩因子 $\gamma = \dfrac{1}{\sqrt{1 - \dfrac{v^2}{c^2}}} = \dfrac{1}{\sqrt{1 - \beta^2}}$。

当 $v \ll c$ 时，洛伦兹变换又称为伽利略变换。

三、狭义相对论的时空观

1. "同时"的相对性

"同时"的相时性意为在一个参考系中同时发生的两个事件，在另一个参考系看来是不同时的。由洛伦兹变换式可得 $\Delta t' = \gamma\left(\Delta t - \dfrac{v}{c^2}\Delta x\right)$，

可见 $\Delta t'$ 不止与 Δt 有关,还与 Δx 有关;同理,讨论相反情况时, $\Delta t = \gamma(\Delta t' + \frac{v}{c^2}\Delta x')$。

2. 时间膨胀

时间膨胀是一种物理现象,即运动的时钟将变慢,其表达式为

$$\tau = \gamma\tau_0 = \frac{\tau_0}{\sqrt{1 - v^2/c^2}}$$

固有时间 τ_0 是与被测对象相对静止的参考系中测得的在同一地点发生的两事件的时间间隔,固有时间最短。

3. 长度收缩

长度收缩又称尺缩效应,即运动的尺子将变短,其表达式为

$$L = \frac{L_0}{\gamma} = L_0\sqrt{1 - \frac{v^2}{c^2}}$$

固有长度 L_0 是与被测对象相对静止的参考系中测得的长度,固有长度最长。

例题精解

例题 1:地面参考系 S' 中,在 $x = 1.0 \times 10^6$ m 处,于 $t = 0.02$ s 的时刻爆炸了一颗炸弹。如果有一沿 x 轴正方向、以 $v = 0.75c$ 速率飞行的飞船,求:在飞船参考系中的观测者测得这颗炸弹爆炸的地点(空间坐标)和时间。

解:由洛伦兹变换式得,在参考系 S' 中测得炸弹爆炸的空间和时间坐标分别为

$$x' = \frac{x - vt}{\sqrt{1 - \beta^2}}$$

$$= \frac{1.0 \times 10^6 - 0.75 \times 3 \times 10^8 \times 0.02}{\sqrt{1 - 0.75^2}} \text{ m} = -5.29 \times 10^6 \text{ m}$$

$$t' = \frac{t - \frac{v}{c^2}x}{\sqrt{1 - \beta^2}} = \frac{0.02 - \frac{0.75 \times 1.0 \times 10^6}{3 \times 10^8}}{\sqrt{1 - 0.75^2}} \text{ s} = 0.026\ 5 \text{ s}$$

因此,在飞船参考系中观测者测得的爆炸地点为 $x' = -5.29 \times 10^6$ m,爆炸时间为 $t' = 0.026\ 5$ s

| 班级： | 姓名： | 学号： | 任课教师： |

授课章节	第十四章 相对论 14-6 相对论性动量和能量
目的要求	掌握质速关系、相对论动能、质能关系
重点难点	质速关系、相对论动能、质能关系

主要内容

一、相对论质量

相对论质量的表达式为

$$m = \frac{m_0}{\sqrt{1-\frac{v^2}{c^2}}}$$

当 $v \ll c$ 时，$m = m_0$；当 $v \to c$ 时，$m \to \infty$。

二、相对论动量

相对论动量的表达式为

$$\boldsymbol{p} = m\boldsymbol{v} = \frac{m_0 \boldsymbol{v}}{\sqrt{1-\frac{v^2}{c^2}}}$$

三、相对论动力学的基本方程

相对论动力学的基本方程为

$$F = \frac{\mathrm{d}p}{\mathrm{d}t} = \frac{\mathrm{d}(mv)}{\mathrm{d}t} = m\frac{\mathrm{d}v}{\mathrm{d}t} + v\frac{\mathrm{d}m}{\mathrm{d}t}$$

四、相对论能量

相对论能量的分析分为以下几个方面：

(1) 总能量：$E = mc^2$；

(2) 静能：$E_0 = m_0 c^2$；

(3) 动能：$E_k = mc^2 - m_0 c^2$；

(4) 总能量与动量之间的关系：$E^2 = E_0^2 + p^2 c^2$；

(5) 对于光子，其静止质量 $m_0 = 0$，则

$$E = mc^2 = pc = h\nu$$

$$m = \frac{p}{c} = \frac{E}{c^2}$$

$$p = \frac{E}{c} = \frac{h}{\lambda}$$

学习笔录：

例题精解

例题 2:求火箭分别以 $0.15c$ 和 $0.85c$ 的速率运动时,其运动质量与静止质量之比。

解:当火箭以 $0.15c$ 的速率运动时,有

$$m_1 = \frac{m_0}{\sqrt{1-\frac{v_1^2}{c^2}}} = \frac{m_0}{0.989} = 1.0 m_0$$

当火箭以 $0.85c$ 的速率运动时,有

$$m_2 = \frac{m_0}{\sqrt{1-\frac{v_2^2}{c^2}}} = \frac{m_0}{0.527} = 1.9 m_0$$

因此,当速率为 $0.15c$ 时,火箭运动质量与其静止质量之比为 1;当速率为 $0.85c$ 时,火箭运动质量与其静止质量之比为 1.9。

例题 3:一立方体,静止质量为 m_0,静止体积为 V_0,相对观察者坐标系沿某一棱边的方向以速度 u 运动,求在观察者坐标系中立方体的体积和密度各为多少?

解:由观察者测得立方体的长、宽、高分别为

$$x = x_0\sqrt{1-\frac{v^2}{c^2}}, \quad y = y_0, \quad z = z_0$$

于是,在观察者坐标系中立方体的体积为

$$V = xyz = x_0 y_0 z_0 \sqrt{1-\frac{v^2}{c^2}} = V_0 \sqrt{1-\frac{v^2}{c^2}}$$

在观察者坐标系中立方体的质量为

$$m = \frac{m_0}{\sqrt{1-\frac{v^2}{c^2}}}$$

在观察者坐标系中立方体的密度为

$$\rho = \frac{m}{V} = \frac{m_0}{\sqrt{1-\frac{v^2}{c^2}}} \cdot \frac{1}{V_0\sqrt{1-\frac{v^2}{c^2}}} = \frac{m_0}{V_0} \frac{1}{1-\frac{v^2}{c^2}}$$

大学物理（上册）导学教程

综合习题（一）

学　　号：_____

姓　　名：_____

班　　级：_____

授课教师：_____

综合习题（一）

第一章　质点运动学

1-1　一质点在 XY 平面内运动，在某一时刻它的位置矢量 $r = -4i + 5j$（单位为 m），经 $\Delta t = 5$ s 后，其位移 $\Delta r = 6i - 8j$，（i，j 分别为 X、Y 方向的单位矢量）则

（1）此时刻的位置矢量为＿＿＿＿＿＿＿＿＿＿＿＿；

（2）在 Δt 时间内质点的平均速度为＿＿＿＿＿＿＿＿＿＿＿＿。

1-2　一质点从 O 点出发以匀速率 1 cm/s 做顺时针转向的圆周运动，圆的半径为 1 m，如下图所示。当它走过 2/3 圆周时，走过的路程是＿＿＿＿＿＿＿＿＿＿，这段时间内质点的平均速度大小为＿＿＿＿＿＿＿＿＿＿，方向是＿＿＿＿＿＿＿＿＿＿。

1-3 一质点在 Oxy 平面上运动，运动函数为 $x = 2t$，$y = 19 - 2t^2$（单位为 m）。求：(1) 质点运动的轨迹方程并画出轨迹曲线，(2) $t = 2$ s 时，质点的位置、速度和加速度。

1-4 质点 p 在一直线上运动，其坐标 x（单位为 m）与时间 t（单位为 s）有如下关系：

$$x = -A\sin \omega t \quad (A \text{ 为常数})$$

(1) 任意时刻 t，质点的加速度 $a = $ _____；

(2) 质点速度为 0 的时刻 $t = $ _____。

1-5 某物体的运动规律为 $dv/dt = -kv^2 t$，式中 k 为常量，$k > 0$。当 $t = 0$ 时，初速为 v_0，则速度 v 与时间 t 的函数关系是(　　)。

A) $v = \dfrac{1}{2}kt^2 + v_0$ \hspace{2em} B) $v = -\dfrac{1}{2}kt^2 + v_0$

C) $\dfrac{1}{v} = \dfrac{kt^2}{2} + \dfrac{1}{v_0}$ \hspace{2em} D) $\dfrac{1}{v} = -\dfrac{kt^2}{2} + \dfrac{1}{v_0}$

1-6 一质点沿 x 轴运动,其加速度为 $a=4t$(单位为 m/s^2),已知 $t=0$ 时,质点位于 $x_0=10$ m 处,初速度 $v_0=0$。试求其速度和时间、位置和时间的关系式。

1-7 试说明质点做何种运动时,将出现下述各种情况(a_t、a_n 分别表示切向加速度和法向加速度大小且 $v\neq 0$):

(1) $a_t \neq 0$,$a_n \neq 0$;_____

(2) $a_t \neq 0$,$a_n = 0$;_____

1-8 一物体做如下图所示的斜抛运动,测得 A 点处速度 v 的大小为 v,其方向与水平方向夹角成 $30°$。则物体在 A 点的切向加速度大小 $a_t =$ _____,轨道的曲率半径 $r =$ _____。

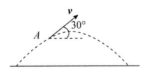

1-9 一质点沿半径为 0.02 m 的圆周运动,它所走过的路程与时间的关系为 $s=0.1t^3$(单位为 m),当质点的线速度为 $v=0.3$ m/s 时,它的法向加速度和切向加速度大小各为多少?

1-10 某人骑自行车以速率 v 向西行驶，今有风以相同速率从北偏东30°方向吹来，那么人感到风从（　　）方向吹来。

A）北偏东30°　　　　　　　　　　　B）南偏东30°

C）北偏西30°　　　　　　　　　　　D）西偏南30°

1-11 在水平飞行的飞机上向前发射一颗炮弹，发射后飞机的速度为 v_0，炮弹相对于飞机的速度为 v。忽略空气阻力，设两种参考系中坐标原点均在发射处，x 轴沿速度方向向前，y 轴竖直向下，则

（1）以地球为参考系，炮弹的轨迹方程为_____；

（2）以飞机为参考系，炮弹的轨迹方程为_____。

1-12 某电动机转子半径 $r = 0.1\,\text{m}$，转子转过的角位移与时间的关系为 $\theta = 2 + 4t^3$，试求：（1）当 $t = 2\,\text{s}$ 时，边缘上一点的法向加速度和切向加速度大小；（2）当合加速度与半径夹角成45°时，t 为多少？

第三章　动量守恒定律和能量守恒定律

3-1 已知地球的质量为 M，半径为 R，现有一质量为 m 的火箭从地面上升到距地面 $3R$ 的位置处，则在此过程中地球引力对火箭做的功为_____。

3-2 一质点在如下图所示的坐标平面内做圆周运动,有一力 $\boldsymbol{F} = F_0(x\boldsymbol{i} + y\boldsymbol{j})$ 作用在质点上,则此力在该质点从坐标原点运动到点 $(-R, R)$ 过程中对其做的功为_____。

3-3 质量 $m = 2$ kg 的物体沿 x 轴做直线运动,所受合外力 $F = 10 + 6x^2$(单位为 N)。如果在 $x = 0$ 处时,速度 $v_0 = 0$;试求该物体运动到 $x = 4$ m 处时的速度大小。

3-4 对功的概念说法正确的是( )。

A) 保守力做正功时,系统内相应的势能增加

B) 作用力和反作用力大小相等,方向相反,所以两者做功的代数和必须为零

C) 质点沿闭合路径运动,保守力对质点做的功等于零

D) 摩擦力只能做负功

3-5 矿砂均匀落在水平运动的传送带上,落砂量 $q = 50$ kg/s。传送带匀速移动,速率为 $v = 1.5$ m/s。则电动机拖动皮带的功率为_____,单位时间内落砂获得的动能为_____。

3-6 一质量为 m 的质点在指向中心的力 $F = k/r^2$ 的作用下，做半径为 r 的圆周运动，选取距离中心无穷远处的势能为零，求质点运动的速率和总机械能。

3-7 两个小球 A、B 放在光滑水平面上，两球用一轻绳连接，两球绕绳上的一点以相同的角速度作匀速率圆周运动，若 $m_A : m_B = 1 : 2$，那么球 A 和球 B 的运动半径之比 $r_A : r_B = $ _____；动能之比 $E_{kA} : E_{kB} = $ _____。

3-8 已知地球的半径为 R，质量为 M，现有一质量为 m 的物体，在离地面高度为 $2R$ 处，以地球和物体为系统，若取地面为势能零点，则系统的引力势能为_____；若取无穷远处为势能零点，则系统的引力势能为_____。（G 为万有引力常量）

3-9 一个弹簧下端挂质量为 0.1 kg 的砝码时长度为 0.07 m，挂 0.2 kg 的砝码时长度为 0.09 m。现把此弹簧平放在光滑桌面上，并将其沿水平方向从长度 $l_1 = 0.10$ m 缓慢拉长到 $l_2 = 0.14$ m，求外力做的功。（本题 g 取 10 m/s²）

3-10 用铁锤将一铁钉打入木板，沿着铁钉方向木板对铁钉的阻力与铁钉进入木板的深度成正比。在铁锤击打第一次时，能将铁钉击入 1 cm，若铁锤击打铁钉的速度不变，则击打第二次时，铁钉能被击入木板的距离为_____。

3-11 如下图所示，质量为 m 的珠子穿在半径为 R 的固定不动的铅直圆环上，并可沿圆环做无摩擦滑动。珠子与劲度系数为 k 的弹簧连接，弹簧的另一端固定于点 C。开始时珠子静止于点 A，此时弹簧为原长。当珠子下滑到点 B 时，珠子的速度为_____，圆环作用于珠子的作用力为_____。

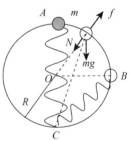

3-12 质量分别为 m_1、m_2 的物体与劲度系数为 k 的弹簧连接成如下图所示的系统，物体 m_1 放置在光滑桌面上，忽略绳与滑轮的质量及摩擦，当系统达到平衡后，将质量为 m_2 的物体下拉距离 h 后放手，求物体 m_1、m_2 运动的最大速率。

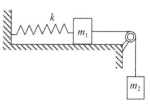

第五章　静电场

5-1 半径为 0.1 m 的孤立导体球，其电势为 300 V，以无穷远处为电势零点，则离导体球中心 30 cm 处的电势为_____。

5-2 如下图所示，一长直导线横截面半径为 a，导线外同轴地套一半径为 b 的薄圆筒，两者互相绝缘，并且外筒接地，设导线单位长度的电荷量为 $+\lambda$，且设地面的电势为零，则两导体之间的 P 点（$OP = r$）的场强大小和电势分别为（　　）。

A) $E = \dfrac{\lambda}{4\pi\varepsilon_0 r^2}$，$V = \dfrac{\lambda}{2\pi\varepsilon_0}\ln\dfrac{b}{a}$

B) $E = \dfrac{\lambda}{4\pi\varepsilon_0 r^2}$，$V = \dfrac{\lambda}{2\pi\varepsilon_0}\ln\dfrac{b}{r}$

C) $E = \dfrac{\lambda}{2\pi\varepsilon_0 r}$，$V = \dfrac{\lambda}{2\pi\varepsilon_0}\ln\dfrac{a}{r}$

D) $E = \dfrac{\lambda}{2\pi\varepsilon_0 r}$，$V = \dfrac{\lambda}{2\pi\varepsilon_0}\ln\dfrac{b}{r}$

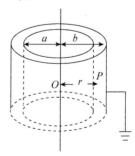

5-3 真空中有一长为 $2l$ 的均匀带电细杆，总电荷量为 q，设无穷远处为电势零点，求在杆外延长线上与杆端距离为 a 的点 P 的电势。

5-4 如下图所示，曲线表示球对称或轴对称静电场的某一物理量随径向距离 r 变化的关系，E 为电场强度的大小，V 为电势，该曲线所描述的是（　　）。
A) 半径为 R 的无限长均匀带电圆柱体电场的 E-r 关系
B) 半径为 R 的无限长均匀带电圆柱面电场的 E-r 关系
C) 半径为 R 的均匀带正电球面电场的 V-r 关系
D) 半径为 R 的均匀带正电球体电场的 V-r 关系

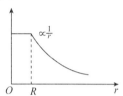

5-5 如下图所示，边长为 a 的等边三角形的 3 个顶点上，放置着 3 个正点电荷，电荷量分别为 q、$2q$ 和 $3q$，若将另一正点电荷 Q 从无穷远处移到三角形的中心 O 处，则在此过程中外力对正点电荷 Q 所做的功为（　　）。

A) $\dfrac{2\sqrt{3}qQ}{4\pi\varepsilon_0 a}$ B) $\dfrac{4\sqrt{3}qQ}{4\pi\varepsilon_0 a}$

C) $\dfrac{6\sqrt{3}qQ}{4\pi\varepsilon_0 a}$ D) $\dfrac{8\sqrt{3}qQ}{4\pi\varepsilon_0 a}$

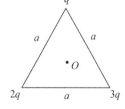

5-6 如下图所示,在电矩为 p 的电偶极子的电场中,将一电荷量为 q 的点电荷从点 A 沿半径为 R 的圆弧移到点 B,圆弧的圆心与电偶极子中心重合,R 远大于电偶极子正负电荷之间的距离,求此过程中电场力对点电荷所做的功。

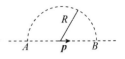

5-7 如下图所示,一个点电荷电荷量 $q = 10^{-9}$ C,点 A、B、C 分别距离点电荷 10、20、30 cm。若选点 B 的电势为零,则点 A 的电势为_____,点 C 的电势为_____。

5-8 一均匀电场,电场强度 $\boldsymbol{E} = (400\boldsymbol{i} + 600\boldsymbol{j})$ V·m^{-1},则点 $A(3,2)$ 和点 $B(1,0)$ 之间的电势差 $U_{AB} = $ _____。

5-9 如下图所示，两个均匀带电同心球面，半径分别为 R_1 和 R_2，总电荷量分别为 $+Q$ 和 $-Q$，求 3 个区域的场强 E_1、E_2、E_3 和电势 V_1、V_2 和 V_3。

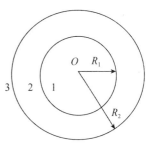

第十章　波动

10-1　横波以波速 u 沿 x 负方向传播，t 时刻波形如下图所示，则该时刻（　　）。

A）点 A 振动速度大于零
B）点 B 静止不动
C）点 C 向下运动
D）点 D 振动速度小于零

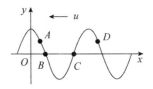

10-2 一横波的波函数为 $y = 0.01\cos[10\pi(2.5t - x)]$（单位为 m），则在 $t = 0.1$ s 时，$x = 2$ m 处质点的速度是 _____。

10-3 一简谐波，振动周期 $T = \dfrac{1}{2}$ s，波长 $\lambda = 10$ m，振幅 $A = 0.1$ m。当 $t = 0$ 时，波源振动的位移恰好为正方向的最大值。若坐标原点和波源重合，且波沿 x 轴正方向传播，求：(1) 此波的波函数；(2) $t_1 = \dfrac{T}{4}$ 时刻，$x_1 = \dfrac{\lambda}{4}$ 处质点的位移；(3) $t_2 = \dfrac{T}{2}$ 时刻，$x_1 = \dfrac{\lambda}{4}$ 处质点的振动速度。

10-4 一平面简谐波的波函数为 $y = 0.1\cos(3\pi t - \pi x + \pi)$（单位为 m），$t = 0$ 时刻的波形图如右图所示，则（　　）。

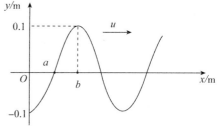

A) 点 O 的振幅为 -0.1 m

B) 波长为 3 m

C) a、b 两点间的相位差为 $\dfrac{\pi}{2}$

D) 波速为 9 m·s^{-1}

10-5 一平面简谐波沿 x 轴正向传播，已知振幅为 0.08 m，频率为 $\nu = 50$ Hz，波长 $\lambda = 4$ m，在 x 轴上取一点 O 做原点，当点 O 处的质点处于正的最大位移时开始计时，则该波的波函数为 _____。

10-6 一平面简谐波在 $t=0$ 时的波形如下图所示（单位为 m），该简谐波向右传播，波速为 $u=200\ \text{m}\cdot\text{s}^{-1}$，试求：(1) 点 O 的振动方程；(2) 此波的波函数；(3) $x=3\ \text{m}$ 处点 P 的振动方程。

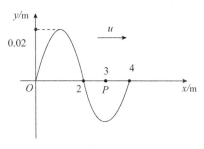

10-7 频率为 500 Hz 的波，其波速为 $360\ \text{m}\cdot\text{s}^{-1}$，在同一波线上相位差为 $60°$ 的两点的距离为（ ）。

A) 0.24 m B) 0.48 m
C) 0.36 m D) 0.12 m

10-8 如下图所示，图 (a) 表示 $t=0$ 时的余弦波的波形图，波沿 x 轴正向传播；图 (b) 为一余弦振动曲线，则图 (a) 中所表示的 $x=0$ 处振动的初相位与图 (b) 所示的振动的初相位分别为 $\varphi_1=$ _____，$\varphi_2=$ _____。

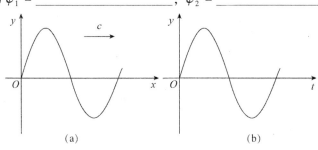

(a)　　　　　　(b)

10-9 一横波沿绳子传播，其波函数为
$$y = 0.05\cos(100\pi t - 2\pi x) \quad (单位为 m)$$
求：(1) 此波的振幅、波速、频率和波长；
(2) 绳子上各质点的最大振动速度和最大振动加速度；
(3) $x_1 = 0.2$ m 和 $x_2 = 0.7$ m 处两质点振动的相位差。

第十二章 气体动理论

12-1 理想气体物态方程可写成 $\dfrac{pV}{T} = C$ 的形式，则下列选项正确的是（   ）。

A) C 只与气体种类有关   B) C 只与气体质量有关

C) C 只与气体物质的量有关   D) C 只与气体所处状态有关

12-2 如下图所示，已知每秒有 N 个气体分子（质量为 m）以速度 v 沿着与器壁法线成角 α 的方向撞在面积为 S 的器壁上，则这群分子作用于器壁的压强是_____。

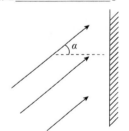

12-3　容积 $V = 1$ m³ 的容器内混有 $N_1 = 1.0 \times 10^{25}$ 个氢气分子和 $N_2 = 4.0 \times 10^{25}$ 个氧气分子，混合气体的温度为 400 K，求：（1）气体分子的平动动能总和；（2）混合气体的压强。（普适气体常量 $R = 8.31$ J·mol⁻¹·K⁻¹）

12-4　1 mol 氢气，当温度由 273 K 升至 281 K 时，其内能增量为（　　）。
A）166.2 J　　　　　　　　　　B）49.86 J
C）83.1 J　　　　　　　　　　　D）99.72 J

12-5　一定量气体，在将其体积压缩一半的同时，使其温度降为原来的 $\dfrac{1}{3}$，则其分子平均平动动能是原来的＿＿＿＿＿＿，压强是原来的＿＿＿＿＿＿。

12-6　容器中装有氧气，其压强 $p = 1$ atm，温度 $t = 27$ ℃，求：（1）氧气的分子数密度 n；（2）氧气的密度 ρ；（3）氧气分子的平均平动动能；（4）方均根速率 $\sqrt{\overline{v^2}}$。

12-7 储有氧气的容器以 $v = 80.6$ m/s 的速度运动。若该容器突然停止,且全部定向运动的动能都变为分子热运动的动能,则氧气温度将升高( )。

A) 4 K　　　　　　　　　　B) 5 K
C) 6 K　　　　　　　　　　D) 7 K

12-8 把一绝热容器用绝热隔板分成相等的两部分,左边盛放 CO_2,右边盛放 H_2,两种气体质量相等,温度相同。如隔板与器壁无摩擦,则隔板应向_____移动,达到新的平衡后_____的温度比较高。

12-9 如右图所示,ac 曲线是 1 000 mol 氢气的等温线,其中,压强 $p_1 = 4 \times 10^5$ Pa,$p_2 = 20 \times 10^5$ Pa,在点 a,氢气的体积 $V_1 = 2.5$ m³。试求:(1)该等温线温度;(2)氢气在点 b 和点 d 的温度。

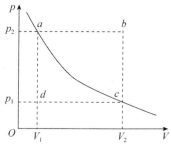

12-10 如下图所示,两条 $f(v)$-v 曲线分别表示氢气和氧气在同一温度下的麦克斯韦速率分布曲线。由此可得氢气分子的最可几(概然)速率为_____;氧气分子的最可几(概然)速率为_____。

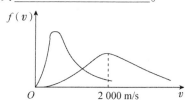

12-11 氮气在标准状态下的平均碰撞频率为 5.42×10^8 s^{-1},平均自由程为 6×10^{-6} cm,若温度不变,气压降为 0.1 atm,则分子平均碰撞频率变为_____;平均自由程变为_____。

12-12 麦克斯韦速率分布函数为 $f(v)$，分子总数为 N，分子质量为 m，说明下列各式的物理意义：（1）$f(v)\mathrm{d}v$；（2）$\int_0^{v_p} f(v)\mathrm{d}v$；（3）$\int_{v_p}^{\infty} Nf(v)\mathrm{d}v$；（4）$\int_{v_1}^{v_2} \frac{1}{2}mv^2 Nf(v)\mathrm{d}v$；（5）$\int_{v_1}^{v_2} vf(v)\mathrm{d}v \big/ \int_{v_1}^{v_2} f(v)\mathrm{d}v$。

第十三章 热力学基础

13-1 如右图所示，一组等温线和一组绝热线，1、3、4、6、1 构成 I 循环，1、2、5、6、1 构成 II 循环，则（　　）。

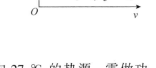

A）$W_{\mathrm{I}} > W_{\mathrm{II}}$，$\eta_{\mathrm{I}} > \eta_{\mathrm{II}}$

B）$W_{\mathrm{I}} > W_{\mathrm{II}}$，$Q_{\text{吸I}} > Q_{\text{吸II}}$

C）$\eta_{\mathrm{I}} = \eta_{\mathrm{II}}$，$Q_{\text{吸I}} < Q_{\text{吸II}}$

D）$\eta_{\mathrm{I}} < \eta_{\mathrm{II}}$，$Q_{\text{吸I}} > Q_{\text{吸II}}$

13-2 卡诺制冷机从 7 ℃ 的热源提取 1 000 J 的热量传向 27 ℃ 的热源，需做功 _____ J，从 −173 ℃ 传向 27 ℃ 时需做功 _____ J。

13-3 一卡诺热机（可逆的），低温热源的温度为 27 ℃，热机效率为 40%，其高温热源温度为 _____ K。今欲将该热机效率提高到 50%，若低温热源保持不变，则高温热源的温度应增加 _____ K。

13-4 1 mol 双原子气体分子，原来的温度为 300 K，体积为 4 L，首先将其等压膨胀到 6.3 L，然后绝热膨胀回原来的温度，最后等温压缩回到原状态。（1）画出 p-V 曲线；（2）计算循环效率。

13-5 理想气体进行卡诺循环，低温热源的温度为 300 K，高温热源的温度为 400 K，每一次循环过程中气体对外做净功 800 J，求此循环过程的循环效率和一次循环过程中气体吸收的热量。若维持低温热源温度不变，提高高温热源的温度，使每一次循环过程中气体对外做的净功增加为 1 200 J，且保持此循环过程工作在与原循环过程相同的两条绝热线之间，求此时高温热源的温度。

13-6 1 mol 双原子气体分子的循环过程如下图所示，求：（1）各过程中吸收的热量；（2）一次循环过程中气体所做的净功；（3）循环效率。

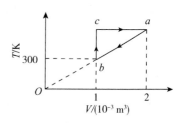

13-7 一定量的理想气体向真空做绝热自由膨胀，体积由 V_1 增至 V_2，在此过程中气体的（　　）。

A）内能不变，熵增加　　　　　　B）内能不变，熵减少
C）内能不变，熵不变　　　　　　D）内能增加，熵增加

13-8 设有以下一些过程：
（1）两种不同气体在等温下互相混合；
（2）理想气体在定容下降温；
（3）液体在等温下汽化；
（4）理想气体在等温下压缩；
（5）理想气体做绝热自由膨胀。
在这些过程中，使系统的熵增加的过程是（　　）。

A）（1），（2），（3）　　　　　　B）（2），（3），（4）
C）（3），（4），（5）　　　　　　D）（1），（3），（5）

第十四章 相对论

14-1 由狭义相对论的基本原理可知，在不同惯性系中任一物理定律的形式_____；在不同的惯性系中测得真空中的光速_____；狭义相对论的时空观的数学表达式是_____变换。

14-2 有下列几种说法：（1）所有惯性系的物理基本规律都是等价的；（2）在真空中，光的速度与光的频率、光源的运动状态无关；（3）在任何惯性系中，光在真空中沿任何方向的传播速率都相同。其中说法正确的是（　　　）。

A）只有（1）、（2）　　　　　　　　B）只有（1）、（3）
C）只有（2）、（3）　　　　　　　　D）（1）、（2）、（3）

14-3 设火箭上有一天线，长 $l'=1$ m，以 $45°$ 夹角伸出火箭体外，火箭沿水平方向以 $v=\dfrac{\sqrt{3}}{2}c$ 的速度飞行，如下图所示，问：地面上的观察者测得的天线长度和天线与火箭体的夹角分别为多少？

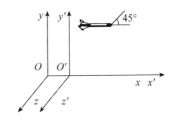

14-4 一均匀质地的正方形薄板，质量为 m_0，边长为 a。假定该板沿一边方向以速度 v 对地面高速运动，则地面上的人测得此板的密度为（　　　）。

A) $\dfrac{m_0}{a^2}\sqrt{1-v^2/c^2}$　　　　　　B) $\dfrac{m_0}{a^2\sqrt{1-v^2/c^2}}$

C) $\dfrac{m_0}{a^2(1-v^2/c^2)}$　　　　　　D) $\dfrac{m_0}{a^2(1-v^2/c^2)^{3/2}}$

14-5 有两个相对运动的惯性系，对于在一个惯性系中同时而在相对运动方向上坐标不同的两地发生的事件 1 和 2，则在另一个惯性系测得两事件（　　　）。

A）同时发生　　　　　　　　　　　B）不同时发生
C）事件 1 先发生　　　　　　　　　D）事件 2 先发生

14-6 设 S' 系相对于 S 系以速度 $v=0.8c$ 沿 x 轴正向运动，在 S' 系中测得两个事件的空间间隔为 $\Delta x'=300$ m，时间间隔为 $\Delta t'=1.0\times10^{-6}$ s，求 S 系中测得两个事件的空间间隔和时间间隔。

14-7 π^+ 介子是不稳定的，它在衰变之前存在的平均寿命（相对于它所在的参照系）约为 2.6×10^{-8} s。如果 π^+ 介子相对于实验室运动的速率为 $0.8c$，那么，（1）在实验室中测得它的平均寿命是_____；（2）衰变之前在实验室中测得它运动的距离是_____。

14-8 从地球测得地球到最近的恒星半人马座 α 星的距离是 4.3×10^{16} m，设一宇宙飞船以速率 $0.999c$ 从地球飞向该星。则有：

（1）飞船中的观察者测得地球和该星间的距离为_____；

（2）按地球上的时间计算，飞船往返一次的时间为_____，如以飞船上的时间计算，往返一次的时间为_____。

14-9 观察者甲以 $0.8c$ 的速度（c 为真空中光速）相对于静止的观察者乙运动，若甲携带一质量为 1 kg 的物体，求：（1）甲测得此物体的总能量为多少？（2）乙测得此物体的总能量为多少？

14-10 一高速电子的总能量是静止能量的 N 倍，此时电子的速度为（　　）。

A）Nc　　　　　　　　　　B）c/N

C）$\dfrac{c}{N}\sqrt{1-N^2}$　　　　　D）$\dfrac{c}{N}\sqrt{N^2-1}$

14-11　要使一粒子的速度从 $3c/5$ 增大至 $4c/5$，则需要对它做的功是静止能量的（　　）倍。

A）5/12　　　　　　　　　　B）7/50

C）1/5　　　　　　　　　　D）5/3

14-12　一电子以 $v=0.99c$（c 为真空中光速）的速率运动。试求：（1）电子的总能量；（2）电子的经典力学动能与相对论动能之比。（电子静止质量 $m_e=9.11\times10^{-31}$ kg）

大学物理（上册）导学教程

综合习题（二）

学　　号：_____

姓　　名：_____

班　　级：_____

授课教师：_____

综合习题(二)

第二章 牛顿定律

2-1 质量分别为 m_A 和 m_B 的两滑块 A 和 B 通过一轻弹簧水平连接后置于水平桌面上。滑块与桌面间的动摩擦因数均为 μ，系统在水平拉力 F 作用下匀速运动，如下图所示。如突然撤销拉力，则在撤销后的瞬间，二者的加速度 a_A 和 a_B 分别为（　　）。

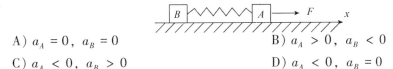

A) $a_A = 0$，$a_B = 0$ 　　　　　　B) $a_A > 0$，$a_B < 0$

C) $a_A < 0$，$a_B > 0$ 　　　　　　D) $a_A < 0$，$a_B = 0$

2-2 水平地面上放一物体 A，它与地面间的动摩擦因数为 μ。现加一恒力 F 如下图所示，欲使物体 A 有最大加速度，则恒力 F 与水平方向夹角 θ 应满足（　　）。

A) $\sin\theta = \mu$ 　　　　　　B) $\cos\theta = \mu$

C) $\tan\theta = \mu$ 　　　　　　D) $\cot\theta = \mu$

2-3 一个圆锥摆的摆线长为 l，摆线与竖直方向的夹角恒为 θ，如下图所示，则摆锤转动的周期为（　　）。

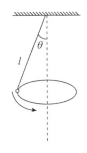

A) $\sqrt{\dfrac{l}{g}}$

B) $\sqrt{\dfrac{l\cos\theta}{g}}$

C) $2\pi\sqrt{\dfrac{l}{g}}$

D) $2\pi\sqrt{\dfrac{l\cos\theta}{g}}$

2-4 质量为 0.25 kg 的质点，受力 $\boldsymbol{F} = t\boldsymbol{i}$（单位为 N）的作用，式中 t 为时间。$t=0$ 时该质点以 $\boldsymbol{v} = 2\boldsymbol{j}$（单位为 m/s）的速度通过坐标原点，则该质点在任意时刻的位置矢量是_____。

2-5 质量为 m 的雨滴下降时，因受空气阻力，在落地前已是匀速运动，其速率为 $v=5.0$ m/s。设空气阻力大小与雨滴速率的平方成正比，问：当雨滴下降速率为 $v=4.0$ m/s 时，其加速度 a 多大？

2-6 如下图所示，一块水平木板上放一个砝码，砝码的质量 $m=0.2$ kg，它们在竖直平面内做半径 $R=0.5$ m 的匀速率圆周运动，速率 $v=1$ m/s。当砝码与木板一起运动到图示位置时，砝码受到木板的摩擦力为多少？

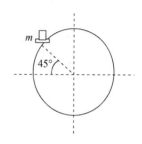

第三章 动量守恒定律和能量守恒定律

3-1 已知两个物体 A 和 B 的质量以及它们的速率都不相同。若物体 A 的动能比物体 B 的大，则 A 的动量大小 p_A 与 B 的动量大小 p_B 之间的关系为（　　）。

　　A) p_B 一定大于 p_A　　　　　　　B) p_B 一定小于 p_A
　　C) p_B 与 p_A 相等　　　　　　　　D) 谁大谁小不能确定

3-2 质量为 m 的质点，以不变的速率 v 沿着下图中正三角形 ABC 的水平光滑轨道运动。当质点越过点 A 时，轨道作用于质点的冲量大小为（　　）。

　　A) mv
　　B) $\sqrt{2}\,mv$
　　C) $\sqrt{3}\,mv$
　　D) $2mv$

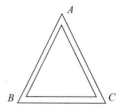

3-3 一颗子弹在枪膛里前进时所受的合力为时间 t 的函数：$F = 800 - 4 \times 10^5 t$（单位为 N），子弹质量为 2 g，假设子弹离开枪口处时合力刚好为零，求子弹从枪口射出时的速率。

3-4 设作用在质量为 1 kg 的物体上的力 $F = 6t + 3$（单位为 N），如果物体在这一力的作用下，从静止变为做直线运动，则在 0～2 s 的时间内，这个力作用在物体上的冲量大小 $I = $ _____。

3-5 如右图所示，质量为 m 的小球自高为 y_0 处沿水平方向以速率 v_0 抛出，与地面碰撞后跳起的最大高度为 $\frac{1}{2} y_0$，水平速率为 $\frac{1}{2} v_0$，则碰撞过程中：

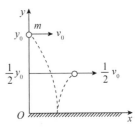

（1）地面对小球的竖直冲量的大小为 _____；
（2）地面对小球的水平冲量的大小为 _____。

3-6 炮车以 30°的仰角发射一颗炮弹，已知炮车重 5 000 kg，炮弹重 100 kg，炮弹在炮车的出口时相对于炮车的速度为 300 m/s。（1）求炮车的反冲速度 v，不计炮车与地面的摩擦；（2）设炮车倒退后与缓冲垫相互作用时间为 2 s，求缓冲垫所受的平均冲力。

第四章 刚体转动和流体运动

4-1 两个力作用在一个有固定转轴的刚体上，下述说法正确的是（　　）。

A) 这两个力都平行于转轴时，其对转轴的合力矩一定是零

B) 这两个力都垂直于转轴时，其对转轴的合力矩一定是零

C) 当这两个力对转轴的合力矩为零时，其合力一定是零

D) 当这两个力的合力为零时，其对转轴的合力矩一定是零

4-2 如下图所示，一跨过滑轮的轻绳悬有质量不等的两个物体 A、B，滑轮半径为 20 cm，转动惯量为 50 kg·m² 的滑轮与轴间的摩擦力矩为 98.1 N·m，轻绳与滑轮间无相对滑动，若滑动的角加速度为 2.36 rad/s²，则滑轮两边轻绳中张力之差为＿＿＿＿＿＿＿＿＿。

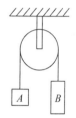

4-3 半径 10 cm 的主动轮，通过皮带拖动半径 50 cm 的从动轮，皮带与轮间无相对滑动。主动轮从静止开始做匀角加速转动。4 s 内从动轮的角速度达到 8π rad·s⁻¹，则主动轮在这段时间内转过＿＿＿＿＿＿＿圈。

4-4 飞轮质量为 60 kg，半径为 0.25 m，当转速为 1 000 r/min 时，要在 5 s 内令其制动，求制动力 F，设闸瓦与飞轮间动摩擦因数 $\mu = 0.4$，飞轮的转动惯量可按匀质圆盘计算，闸杆尺寸如下图所示。

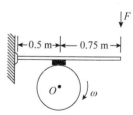

4-5 一长为 l、重 W 的均匀梯子靠墙放置，如下图所示。梯子下端连一劲度系数为 k 的弹簧。当梯子靠墙竖直放置时，弹簧处于自然长度，墙和地面都是光滑的，当梯子依墙而立与地面成 θ 角且处于平衡状态时，(1) 地面对梯子作用力的大小为_____；(2) 墙对梯子作用力的大小为_____；(3) W、k、l、θ 应满足的关系式为_____。

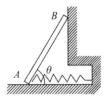

4-6 质量分别为 m 和 $2m$、半径分别为 r 和 $2r$ 的两个匀质圆盘，同轴地粘在一起形成组合圆盘，可绕通过盘心且垂直于盘面的水平光滑轴转动，在大小盘边缘都绕有绳子，绳子下端都挂一质量为 m 的重物，如下图所示。求：(1) 组合圆盘的转动惯量；(2) 组合圆盘的角加速度。

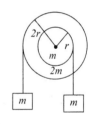

4-7 质量分别为 m 和 $2m$ 的两个质点,用一长为 l 的匀质细杆相连,系统绕过杆上点 O 且与杆垂直的转轴转动,杆的质量为 M,如下图所示,当质量为 m 的质点的线速度为 v 且与杆垂直时,该系统对转轴的角动量(动量矩)为_____。

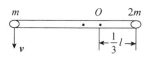

4-8 如下图所示,在水平光滑的桌面上,有一绳的一端系一个小物块,另一端穿过桌面的小孔,物块以角速度 ω 在距小孔为 R 的圆周上转动,当绳从小孔缓慢往下拉时,则物体(   )。

A)动量守恒

B)动能守恒

C)动量和角动量都守恒

D)动量和角动量都不守恒

E)角动量守恒

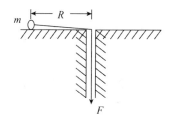

4-9 一飞轮以角速度 ω_0 绕光滑固定轴旋转,飞轮对轴的转动惯量为 J_1;另一静止飞轮突然和上述转动的飞轮啮合,绕同一转轴转动,该飞轮对轴的转动惯量为前者的两倍,啮合后整个系统的角速度 $\omega =$ _____。

4-10 一人站在匀质圆板形的水平转台边缘,转台轴承处的摩擦可忽略不计,人的质量为 M,转台的质量为 $10M$、半径为 R。最初整个系统是静止的,当人把一质量为 m 的石子水平地沿转台边缘的切线方向投出时,石子的速率为 v(相对地面),求投出石子后转台的角速度和人的线速度。

4-11 如右图所示，一圆盘正绕垂直于盘面的水平光滑固定轴 O 转动，此时射来两个质量相同，速度大小相同、方向相反并在一条直线上的子弹，子弹射入圆盘并且留在圆盘内，则子弹射入后的瞬间，圆盘的角速度 ω 将（　　）。

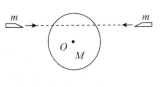

A）增大　　　　　　　　　　　　B）不变
C）减小　　　　　　　　　　　　D）不能确定

4-12 如下图所示，一根长为 l、质量为 M 的匀质细杆，可绕其一端的光滑轴在竖直面内转动。有一质量为 m 的子弹，以水平速度 v_0 垂直射入杆的下端并嵌在其中。求：（1）子弹与细杆碰撞后的共同角速度 ω；（2）子弹嵌入细杆后细杆的最大摆角。

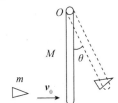

第五章 静电场

5-1 在一个带正电的大导体附近点 P 处放置一实验电荷 q_0 ($q_0 > 0$)，实际测得它的受力为 F。若考虑实验电荷的电荷量不是足够小，则 F/q_0 与点 P 原来的电场强度相比：( )。

A) 变大

B) 与点 P 原来的电场强度相同

C) 变小

D) 无法确定

5-2 如下图所示，在坐标原点处放一正电荷 Q，它在点 P (1, 0) 产生的电场强度为 E。现在，另外有一个负电荷 $-2Q$，试问应将它放在（　　）才能使点 P 的电场强度等于零。

A) x 轴上 $x>1$ 　　　　B) x 轴上 $0<x<1$

C) x 轴上 $x<0$ 　　　　D) y 轴上 $y>0$

E) y 轴上 $y<0$

5-3 如下图所示，一均匀带电的圆弧，所带电荷量为 q，所对圆心角为 θ_0，半径为 R，求圆心 O 处的电场强度。

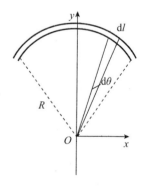

5-4 一半径为 R 的带有一缺口的细圆环，缺口长度为 d ($d \ll R$)，环上均匀带正电，总电荷量为 q，如右图所示，则圆心 O 处场强的大小 $E=$ _____；方向_____。

5-5 如下图所示，宽度为 a 的无限长均匀带正电荷平面，电荷面密度为 σ，点 P 到平面的相邻边的垂直距离为 a，求与带电平面共面的一点 P 处的电场强度。

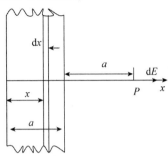

5-6 将一电荷线密度为 λ 的无限长均匀带电导线变成如下图所示的形状，求图中点 O 的电场强度。

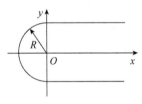

5-7 如下图所示，A 和 B 为两个均匀带电球体，球体 A 带电荷 $+q$，球体 B 带电荷 $-q$，做一与球体 A 同心的球面 S 为高斯面，则（　　）。

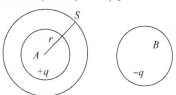

A）通过球面 S 的电通量为零，球面 S 上各点的场强为零

B）通过球面 S 的电通量为 q/ε_0，球面 S 上场强的大小为 $E = \dfrac{q}{4\pi\varepsilon_0 r^2}$

C）通过球面 S 的电通量为 $(-q)/\varepsilon_0$，球面 S 上场强的大小为 $E = \dfrac{q}{4\pi\varepsilon_0 r^2}$

D）通过球面 S 的电通量为 q/ε_0，但球面 S 上各点的场强不能直接由高斯定理求出

5-8 如右图所示，两个同心的均匀带电球面，内球面半径为 R_1、带有电荷 Q_1，外球面半径为 R_2、带有电荷 Q_2，则在内球面里面、距离球心为 r 处的点 P 的场强大小 E 为（　　）。

A）$\dfrac{Q_1 + Q_2}{4\pi\varepsilon_0 r^2}$ B）$\dfrac{Q_1}{4\pi\varepsilon_0 R_1^2} + \dfrac{Q_2}{4\pi\varepsilon_0 R_2^2}$

C）$\dfrac{Q_1}{4\pi\varepsilon_0 r^2}$ D）0

5-9 两块"无限大"的均匀带电平行平板，其电荷面密度分别为 σ（$\sigma > 0$）及 -2σ，如下图所示。试写出各区域的电场强度 E：Ⅰ区 E 的大小为＿＿＿＿＿＿，方向＿＿＿＿＿＿。Ⅱ区 E 的大小为＿＿＿＿＿＿，方向＿＿＿＿＿＿。Ⅲ区 E 的大小为＿＿＿＿＿＿，方向＿＿＿＿＿＿。

5-10 如下图所示，在边长为 a 的正方形平面的中垂线上，距中心点 O 的 $a/2$ 处，有一电荷量为 q 的正点电荷，则通过该平面的电通量为＿＿＿＿＿＿。

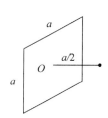

5-11 如下图所示，在半径为 R 的"无限长"均匀带电圆柱体的静电场中，各点的电场强度大小 E 与距轴线的距离 r 的关系曲线为（　　）。

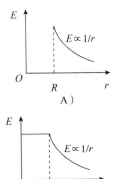

5-12 如下图所示，一厚度为 d 的"无限大"均匀带电平板，电荷体密度为 ρ，试求板内外的场强分布，并画出场强随坐标 x 变化的曲线，即 E–x 曲线（设原点在均匀带电平板的中央平面上，x 轴垂直于平板）。

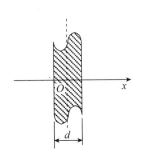

第六章 静电场中的导体与电介质

6-1 半径为 R_1 和 R_2 的两个同轴金属圆筒,其间充满着相对介电常数为 ε_r 的均匀电介质。设两圆筒上单位长度带有的电荷分别为 $+\lambda$ 和 $-\lambda$,则电介质中离轴线的距离为 r 处的电位移的大小 $D = $ _____,电场强度的大小 $E = $ _____。

6-2 一均匀带电球体,半径为 R,球体内介电常数为 ε_1,球体外介电常数为 ε_2,且 $\varepsilon_1 > \varepsilon_2$,下列选项中 E-r 和 D-r 曲线正确的是( )。

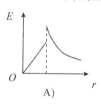
A)

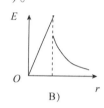
B)

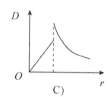
C)

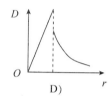
D)

6-3 如下图所示,一半径为 R_1,带电量为 Q_0 的金属球,外面紧包一层各向同性线性电介质球壳,电介质球壳的外半径为 R_2,相对介电常数为 ε_r。求:(1)空间电场强度分布;(2)金属球的电势。

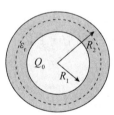

6-4 半径为 R_1 的无限长均匀带电圆柱体，介电常数为 ε，电荷体密度为 ρ，外罩半径为 R_2 的均匀带电同轴圆柱壳体，单位长度上的电荷量为 λ，如右图所示，图中点 a、b、c 到轴线的距离分别为 r_a、r_b、r_c。求：(1) 点 a、b、c 的电场强度；(2) 点 b 的电势；(3) 圆柱体表面与圆柱壳体之间的电势差。

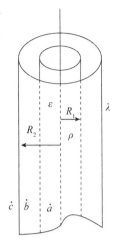

6-5 两平行板电容器，$C_1 = 8\ \mu\text{F}$，$C_2 = 2\ \mu\text{F}$，分别把它们充电到 $1\,000\ \text{V}$，然后将它们反接，如右图所示，此时两极板间的电势差为（　　）。

A) 0 V   B) 200 V
C) 600 V   D) 1 000 V

6-6 一平行板电容器两极板间距离为 d，其每个极板的面积为 S，今在两极板间平行插入一厚度为 $\dfrac{d}{3}$ 的相对介电常数为 ε_r 的电介质板，则此时电容器的电容 $C =$ _____。

6-7 一平行板电容器，充电后切断电源，然后使两极板间充满相对介电常数为 ε_r 的各向同性的均匀电介质，此时两极板间的电场强度是原来的 _____，电场能量是原来的 _____。

6-8 一球形电容器，内球壳半径为 R_1，外球壳半径为 R_2，两球壳间充满相对介电常数为 ε_r 的各向同性的均匀电介质，设两球壳间的电势差为 U_{12}，求：(1) 电容器的电容；(2) 电容器的储能。

6-9 如下图所示，一平行板电容器，两极板面积均为 S，板间距离为 d，在两极板间平行地插入面积也是 S、厚度为 t 的金属片，试求：（1）电容 C 等于多少；（2）金属片在两极板间的安放位置对电容有无影响。

6-10 如下图所示，用力 F 把电容器的电介质板拉出，在图（a）和图（b）的两种情况下，电容器的储能将（　　）。

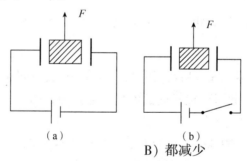

A）都增加
B）都减少
C）（a）增加，（b）减少
D）（a）减少，（b）增加

6-11 两个电容器的电容比 $C_1 : C_2 = 1 : 2$，把它们串联起来接电源充电，它们的电场能量之比 $W_1 : W_2 = $ ＿＿＿＿＿＿＿＿＿＿；如果是并联起来接电源充电，则它们的电场能量之比 $W_1 : W_2 = $ ＿＿＿＿＿＿＿＿＿＿。

6-12 一平行板电容器，两极板分别带 $+Q$ 和 $-Q$ 电荷，则两极板间的相互作用力 F 与极板所带电荷量 Q 的关系为 ＿＿＿＿＿＿＿＿＿＿。

6-13 如右图所示，一圆柱形电容器由两个同轴圆筒组成，内筒半径为 a，外筒半径为 b，筒长都是 L，中间充满相对介电常数为 ε_r 的各向同性的均匀电介质。内、外筒分别带有等量异号电荷 $+Q$ 和 $-Q$。设 $(b-a) \ll a$，$L \gg b$，可以忽略边缘效应，求：(1) 圆柱形电容器的电容；(2) 圆柱形电容器的储能。

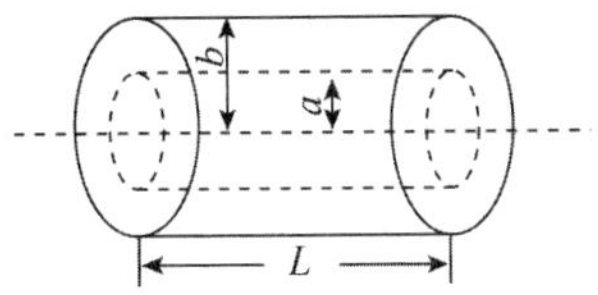

6-14 如下图所示，一导体球电荷量为 q，半径为 R，球外有两种均匀电介质，一种电介质 $\varepsilon_{r1} = 5.0$，厚度为 d；另一种为空气 $\varepsilon_{r2} = 1.0$，充满其余空间。求：(1) 距离球心 O 为 r 处的场强 E 和电位移 D；(2) 离球心 O 为 r 处的电势 V；(3) 画出 $D(r)$、$E(r)$、$V(r)$ 的曲线。

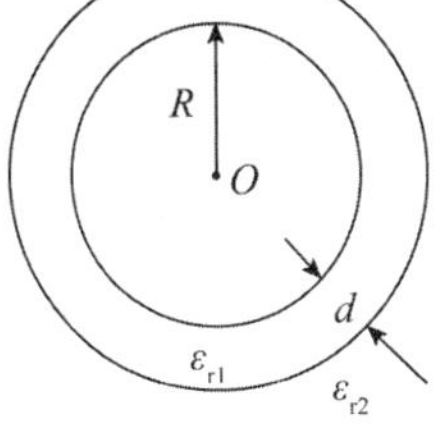

第九章 振动

9-1 在一竖直悬挂的弹簧下系一质量为 m 的物体，再用此弹簧改系一质量为 $4m$ 的物体，最后将此弹簧截断为两个等长的弹簧并联后悬挂质量为 m 的物体，则这 3 个系统的周期之比为_____。

9-2 轻质弹簧下挂一个小盘，小盘做简谐振动，平衡位置为原点，位移向下为正，并采用余弦表示。当小盘处在最低位置时有一小物体落到小盘上并粘住。如果以新的平衡位置为原点，设新的平衡位置相对原平衡位置向下移动的距离小于原振幅，小物体与小盘相碰为计时零点，那么新的位移表示式的初相位在（　　）。

A) $0 \sim \dfrac{\pi}{2}$ 之间   B) $\dfrac{\pi}{2} \sim \pi$ 之间

C) $\pi \sim \dfrac{3\pi}{2}$ 之间   D) $\dfrac{3\pi}{2} \sim 2\pi$ 之间

9-3 一弹簧振子沿 x 轴做简谐振动，已知弹簧的劲度系数 $k = 15.5 \text{ N/m}$，物体质量 $m = 0.1 \text{ kg}$，在 $t = 0 \text{ s}$ 时刻物体对平衡位置的位移 $x_0 = 0.05 \text{ m}$，速度 $v_0 = -0.628 \text{ m/s}$。请写出此弹簧振子的振动方程。

9-4 如下图所示，三条曲线分别表示简谐振动中的位移 x、速度 v 和加速度 a。下列说法中正确的是（　　）。

A) 曲线 3、1、2 分别表示 x、v、a 曲线
B) 曲线 2、1、3 分别表示 x、v、a 曲线
C) 曲线 1、3、2 分别表示 x、v、a 曲线
D) 曲线 2、3、1 分别表示 x、v、a 曲线
E) 曲线 1、2、3 分别表示 x、v、a 曲线

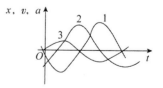

9-5 一质点沿 x 轴以 $x = 0$ 为平衡位置做简谐振动，频率为 0.25 Hz。$t = 0$ 时，$x = -0.37 \text{ cm}$，速度等于零，则振幅为_____，振动方程为_____。

9-6 一质点做简谐振动的振动曲线如下图所示,写出它的振动方程,并指出点 a、b、c、d、e 对应的相位。

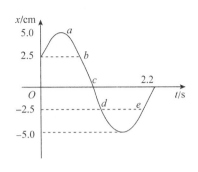

9-7 一质点沿 x 轴做简谐振动,振动方程为 $x = 4 \times 10^{-2}\cos(2\pi t + \frac{1}{3}\pi)$(单位为 m),从 $t=0$ s 时刻起,到质点位置在 $x = -2$ cm 处,其向 x 轴正向运动的最短时间间隔为( )。

A) $\frac{1}{8}$ s   B) $\frac{1}{4}$ s

C) $\frac{1}{2}$ s   D) $\frac{1}{3}$ s

9-8 一个质点同时参与两个在同一直线上的简谐振动,其振动方程分别为 $x_1 = 4 \times 10^{-2}\cos(2t + \frac{1}{6}\pi)$,$x_2 = 3 \times 10^{-2}\cos(2t - \frac{5}{6}\pi)$(单位为 m),则其合振动的振幅为_____,初相位为_____。

9-9 一质点同时参与两个同方向同频率的简谐振动,它们的振动方程分别为 $x_1 = 6\cos(2t + \pi/6)$,$x_2 = 8\cos(2t - \pi/3)$,(单位为 cm),试用旋转矢量法求出合振幅。

9-10 一质点做简谐振动，其振动方程为 $x = A\cos(\omega t + \varphi)$，在求该质点的动能时，得出下面 5 个结果：

(1) $\frac{1}{2}m\omega^2 A^2 \sin^2(\omega t + \varphi)$； (2) $\frac{1}{2}m\omega^2 A^2 \cos^2(\omega t + \varphi)$；

(3) $\frac{1}{2}kA^2 \sin(\omega t + \varphi)$； (4) $\frac{1}{2}kA^2 \cos^2(\omega t + \varphi)$；

(5) $\frac{2\pi^2}{T^2}mA^2 \sin^2(\omega t + \varphi)$。

其中 m 为质点的质量，k 为弹簧的劲度系数，T 是振动周期，这些结果中正确的是（   ）。

A）(1)、(2)　　　　　　　　　B）(2)、(4)
C）(1)、(5)　　　　　　　　　D）(3)、(5)
E）(2)、(5)

9-11 一弹簧振子，弹簧的劲度系数为 $k = 25$ N/m，初始动能为 0.2 J，初始势能为 0.6 J，则其振幅为 _____；位移 $x = $ _____ 时，动能与势能相等；位移是振幅的一半时，势能是 _____。

9-12 如下图所示，有一水平弹簧振子，弹簧的劲度系数 $k = 24$ N/m，重物的质量 m 为 6 kg，重物静止在平衡位置上，设以一水平恒力 $F = 10$ N 向左作用于物体（不计摩擦），使之由平衡位置向左运动了 0.05 m，此时撤去力 F，当物体运动到左方最远位置时开始计时，求物体的振动方程。

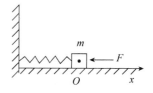

第十章 波动

10-1 一平面简谐波在媒质中传播，在媒质质元从最大位移处回到平衡位置的过程中（　　）。

A）它的势能转化为动能

B）它的动能转化为势能

C）它从相邻的媒质质元获得能量，其能量逐渐增加

D）它把自己的能量传给相邻媒质质元，其能量逐渐减小

10-2 一平面简谐机械波在媒质中传播时，若一媒质质元在 t 时刻的总机械能是 10 J，则在 $(t+T)$（T 为波的周期）时刻该媒质质元的振动动能是_____。

10-3 一弹性波在媒质中传播的速度 $u = 1.0 \times 10^3 \text{ m} \cdot \text{s}^{-1}$，振幅 $A = 1.0 \times 10^{-4}$ m，频率 $\nu = 1.0 \times 10^3$ Hz，若该媒质的密度为 800 kg·m^{-3}，求：（1）该波的平均能流密度；（2）1 min 内垂直通过一面积 $S = 4 \times 10^{-4}$ m^2 的总能量。

10-4 如右图所示，两列波长为 λ 的相干波在点 P 相遇，点 S_1 的初相位为 φ_1，S_1 到 P 的距离是 r_1；点 S_2 的初相位为 φ_2，S_2 到 P 的距离是 r_2，以 k 代表零或正、负整数，则点 P 是干涉极大的条件为（　　）。

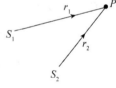

A）$r_2 - r_1 = k\lambda$

B）$\varphi_2 - \varphi_1 = 2k\pi$

C）$\varphi_2 - \varphi_1 + 2\pi(r_2 - r_1)/\lambda = 2k\pi$

D）$\varphi_2 - \varphi_1 + 2\pi(r_1 - r_2)/\lambda = 2k\pi$

10-5 如下图所示，两相干波源 S_1 和 S_2 相距 $\dfrac{\lambda}{4}$，（λ 为波长），S_1 的相位比 S_2 的相位超前 $\dfrac{1}{2}\pi$，在 S_1、S_2 的连线上，S_1 外侧各点（如点 P）由两波引起的简谐振动的相位差是（　　）。

A）0

B）$\dfrac{1}{2}\pi$

C）π

D）$\dfrac{3}{2}\pi$

10-6 两相干波源 A、B 相距 0.3 m，相位差为 π，点 P 位于过点 B 且垂直于直线 AB 的直线上，且与点 B 相距 0.4 m，欲使两相干波源发出的波在点 P 加强，则两相干波的波长为多少。

10-7 在波长为 λ 的驻波中两个相邻波节之间的距离为（　　）。

A) λ　　　　　　　　　　　　B) $\dfrac{3\lambda}{4}$

C) $\dfrac{\lambda}{2}$　　　　　　　　　　　　D) $\dfrac{\lambda}{4}$

10-8 两相干波沿同一直线反向传播形成驻波，则两相邻波节之间各点的相位及振幅的关系为（　　）。

A) 振幅全相同，相位全相同

B) 振幅不全相同，相位全相同

C) 振幅全相同，相位不全相同

D) 振幅不全相同，相位不全相同

10-9 设入射波的波函数为 $y_1 = A\cos\left[2\pi\left(\dfrac{t}{T} - \dfrac{x}{\lambda}\right)\right]$，其在 $x = 0$ 处发生反射，反射点为一节点，则反射波的波函数为_____。

10-10 在媒质中有一沿 x 轴正向传播的平面简谐波，其波函数为 $y = 0.01\cos(4t - \pi x - \dfrac{\pi}{3})$（单位为 m）。若在 $x = 5.00$ m 处有一媒质分界面，且在分界面有相位 π 的突变，若反射后波的强度不变，求此平面波的反射波波函数。

10-11　A、B 是简谐波波线上的两点。已知点 B 振动的相位比点 A 落后 $\frac{1}{3}\pi$，A、B 两点相距 0.5 m，波的频率为 100 Hz，则该波的波长 $\lambda =$ ＿＿＿＿＿＿＿＿＿＿ m，波速 $u =$ ＿＿＿＿＿＿＿＿＿＿ m/s。

10-12　某质点做简谐振动，周期为 2 s，振幅为 0.06 m；当 $t=0$ s 时，质点恰好处在负向最大位移处，求：(1) 该质点的振动方程；(2) 此振动以波速 $u=2$ m/s 沿 x 轴正方向传播时，形成的一维简谐波的波函数（以该质点的平衡位置为坐标原点）；(3) 该波的波长。

第十三章　热力学基础

13-1　一定量理想气体经历某过程后温度升高了，则以下内容正确的有（　　　）。
(1) 气体在此过程中吸收了热量
(2) 气体内能增加了
(3) 气体既从外界吸热又对外做功
(4) 外界对气体做正功

A) (1)、(3)、(4)　　　　　　　　　B) (1)、(3)
C) (2)　　　　　　　　　　　　　　D) (2)、(4)

13-2　氮气和氢气物质的量相同，从相同的初态经等温过程体积膨胀为原来的 2 倍，则（　　　）。

A) 两者对外做功相同，吸收热量不同　　B) 两者对外做功不同，吸收热量相同
C) 两者对外做功和吸热均不相同　　　　D) 两者对外做功和吸热均相同

13-3　一热力学过程沿下图中 abc 进行时，吸收热量 350 J，同时对外界做功 126 J：
(1) 当热力学过程沿 adc 进行时，系统对外界做功 42 J，则系统吸收热量＿＿＿＿＿＿ J；
(2) 当热力学过程沿曲线 ca 返回时，如果外界对系统做功 84 J，则系统是＿＿＿＿＿＿热

量（填放出、吸收），热量是_____J。

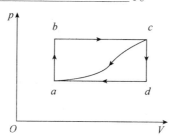

13-4 某理想气体经历下图所示的过程，则此过程中气体放出的热量 $Q =$ _____。

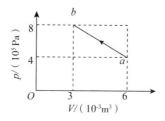

13-5 某理想气体按 $pV^2 =$ 恒量的规律膨胀，则该气体的温度（   ）。

A) 升高   B) 降低
C) 不变   D) 无法判断

13-6 由热力学第一定律可以判断任一微小过程中 dQ、dE、dW 的正负，下列判断错误的是（   ）。

A) 等容升压、等温膨胀、等压膨胀中 $dQ > 0$
B) 等容升压、等压膨胀中 $dE > 0$
C) 等压膨胀时，dQ、dE、dW 同为正
D) 绝热膨胀时，$dE > 0$

13-7 如下图所示，曲线 $a1b$ 为绝热线，则系统沿曲线 $a2b$ 进行的过程中，下列说法正确的是（   ）。

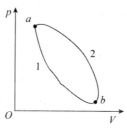

A) $Q > 0, \Delta E > 0, W > 0$ B) $Q = 0, \Delta E < 0, W > 0$
C) $Q > 0, \Delta E < 0, W > 0$ D) $Q < 0, \Delta E < 0, W < 0$

13-8 一定量理想气体，从同一状态开始分别经历等压、绝热、等温过程，使其体积膨胀为原来的 2 倍，其中_____过程内能增加最多；_____过程内能减少最多；_____过程内能不变；_____过程做功最多；_____过程做功最少。

13-9 在等压加热时,为了使双原子气体分子对外做功 $W = 2$ J,必须给气体传递热量 $Q =$ _____。

13-10 下图为一理想气体几种状态变化过程的 p-V 曲线,其中,曲线 MT 为等温线,曲线 MQ 为绝热线,在曲线 AM、BM、CM 描述的三种准静态过程中:

(1)温度降低的是曲线_____;(2)气体放热的是曲线_____。

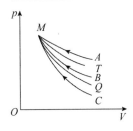

13-11 下图为一定量气体经历的循环过程,已知:$T_a = 300$ K,$C_P = \dfrac{5}{2}R$,求:(1)热力学过程沿直线 ab、bc 进行时的 Q、ΔE 和 W;(2)在整个循环过程中是否存在与气体处在点 a 时的状态内能相同的状态?若存在,它位于何处?

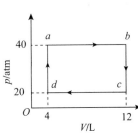

13-12 质量为 2.8×10^{-3} kg、压强为 1 atm、温度为 27 ℃ 的氮气，先在体积不变的情况下，使其压强增至 3 atm，再经等温膨胀，使其压强降至 1 atm，求：（1）p-V 曲线；（2）各过程中内能的变化、系统对外界做的功和吸收的热量。

13-13 温度为 25℃，压强为 1 atm 的 1 mol 刚性双原子分子气体，计算下列过程中的功：（1）经等温过程体积膨胀为原来的 3 倍；（2）经绝热过程体积膨胀为原来的 3 倍。

参考答案

综合习题（一）

第一章

1-1 $2\bm{i} - 3\bm{j}$ m；$1.2\bm{i} - 1.6\bm{j}$ m/s

1-2   4.19 m；4.13×10^{-3} m/s，与 x 轴成 60°角

1-3   （1）$y = 19 - \dfrac{x^2}{2}$；轨迹图略；（2）$4\bm{i} + 11\bm{j}$ m；$2\bm{i} - 8\bm{j}$ m/s；$-4\bm{j}$ m/s^2

1-4 $A\omega^2 \sin\omega t$；$\dfrac{1}{2}(2n+1)\pi/\omega\,(n = 0, 1, \cdots)$

1-5   C）

1-6 $v = 2t^2$ m/s；$x = \dfrac{2}{3}t^3 + 10$ m

1-7   变速率曲线运动；变速率直线运动

1-8 $-g/2$；$\dfrac{2\sqrt{3}v^2}{3g}$

1-9 $a_\mathrm{t} = 0.6$ m/s^2；$a_\mathrm{n} = 4.5$ m/s^2

1-10   C）

1-11 $y = \dfrac{gx^2}{2(v_0 + v)^2}$；$y = \dfrac{gx^2}{2v^2}$

1-12   4.8 m/s^2，230 m/s^2；0.55 s

第一章

第三章

3-1 $GMm\left(\dfrac{1}{4R} - \dfrac{1}{R}\right)$

3-2 $F_0 R^2$

3-3 $v = 13$ m/s

3-4   C）

3-5 $p = 112.5$ W，$E_\mathrm{k} = 56.25$ J

3-6 $v = \sqrt{\dfrac{k}{mr}}$；$E = -\dfrac{k}{2r}$

第三章

3-7 2；2

3-8 $\dfrac{2GmM}{3R}$；$-\dfrac{GmM}{3R}$

3-9 0.14 J

3-10 4.1 mm

3-11 $\sqrt{2gR-\dfrac{kR^2(6-4\sqrt{2})}{m}}$；$2mg+kR(5\sqrt{2}-7)$

3-12 $\sqrt{\dfrac{k}{m_1+m_2}}\cdot h$

第五章

5-1 100 V

5-2 D）

5-3 $\dfrac{q}{8\pi\varepsilon_0 l}\ln\left(1+\dfrac{2l}{a}\right)$

5-4 C）

5-5 C）

5-6 $W=-qp/(2\pi\varepsilon_0 R^2)$

5-7 45 V；-15 V

5-8 -2 000 V

5-9 $0,\ \dfrac{Q}{4\pi\varepsilon_0 r^2},\ 0;\ \dfrac{Q}{4\pi\varepsilon_0}\left(\dfrac{1}{R_1}-\dfrac{1}{R_2}\right),\ \dfrac{Q}{4\pi\varepsilon_0}\left(\dfrac{1}{r}-\dfrac{1}{R_2}\right),\ 0$

第五章

第十章

10-1 D）

10-2 -0.25π m·s^{-1}

10-3 （1）$y=0.1\cos\left[4\pi\left(t-\dfrac{1}{20}x\right)\right]$；（2）0.1 m；（3）-1.26 m/s

10-4 C）

10-5 $y=0.08\cos\left(100\pi t-\dfrac{\pi x}{2}\right)$

10-6 （1）$y=0.02\cos\left(100\pi t+\dfrac{\pi}{2}\right)$；（2）$y=0.02\cos\left[100\pi\left(t-\dfrac{x}{200}\right)+\dfrac{\pi}{2}\right]$；（3）$y=0.02\cos(100\pi t-\pi)$

10-7 D）

10-8 $\dfrac{\pi}{2}$；$-\dfrac{\pi}{2}$

第十章

10-9　(1) $A = 0.05$ m，$u = 50$ m·s^{-1}，$\nu = 50$ Hz，$\lambda = 1.0$ m；

(2) $v_{max} = 15.7$ m·s^{-1}，$a_{max} = 4.93 \times 10^3$ m·s^{-2}；(3) $\Delta\varphi = \pi$；

第十二章

12-1　C）

12-2　$\dfrac{2Nmv\cos\alpha}{S}$

12-3　(1) $E_k = 4.14 \times 10^5$ J；(2) $p = 2.76 \times 10^5$ Pa

12-4　A）

12-5　$\dfrac{1}{3}$；$\dfrac{2}{3}$

12-6　(1) 2.45×10^{25} m^{-3}；(2) 1.3 kg·m^{-3}；(3) 0.62×10^{-20} J；(4) 483 m·s^{-1}

12-7　B）

12-8　左；CO_2

12-9　(1) 601.6 K；(2) 3 008 K，120.3 K

12-10　2 000 m/s；500 m/s；

12-11　5.42×10^7 s^{-1}，6×10^{-5} cm

12-12　(1) 速率在 $v \sim (v+dv)$ 之间的气体分子数占总气体分子数的百分比；

(2) 速率在区间 $[0, v_p]$ 的气体分子数占总气体分子数的百分比；

(3) 速率在区间 $[v_p, +\infty)$ 的气体分子数；

(4) 速率在区间 $[v_1, v_2]$ 的气体分子平动动能之和；

(5) 速率在区间 $[v_1, v_2]$ 内的气体分子的平均速率。

第十三章

13-1　B）

13-2　71.4；2 000

13-3　500；100

13-4　(1) 略；(2) 21%

13-5　25%；3 200 J；450 K

13-6　(1) $a \to b$：$Q_p = -8.73 \times 10^3$ J

　　　　$b \to c$：$Q_V = 6.23 \times 10^3$ J

　　　　$c \to a$：$Q_T = 3.46 \times 10^3$ J

(2) $W = 9.6 \times 10^2$ J；(3) $\eta = 9.9\%$

13-7　A）

13-8　D）

第十三章

十四章

14-1　相同；相同；洛伦兹

14-2　D)

14-3　$l = 0.791$ m；$\tan\theta = 2$，$\theta = 63°26'$

14-4　C)

14-5　B)

14-6　3×10^{-6} s；900 m

14-7　(1) $\Delta t = 4.33 \times 10^{-8}$ s；$l = 10.4$ m

14-8　(1) 1.95×10^{15} m；(2) $\Delta t_0 = 9.1$ 年，$\Delta t' = 0.41$ 年

14-9　(1) 9×10^{16} J；(2) 1.5×10^{17} J

14-10　D)

14-11　A)

14-12　5.8×10^{-13} J；$E_{k0}/E_k = 8.04 \times 10^{-2}$

综合习题（二）

第二章

2-1　D)

2-2　C)

2-3　D)

2-4　$\dfrac{2}{3}t^3 \boldsymbol{i} + 2t\boldsymbol{j}$

2-5 $a = g[1 - (v/v_0)^2] = 3.53 \text{ m/s}^2$

2-6 0.28 N

第三章

3-1 D)

3-2 C)

3-3 400 m/s

3-4 18 N·s

3-5 (1) $(1+\sqrt{2})m\sqrt{gy_0}$；(2) $\frac{1}{2}mv_0$

3-6 (1) 5.09 m/s；(2) 1.27×10^4 N

第三章

第四章

4-1 A)

4-2 1 080.5 N

4-3 40

4-4 157.1 N

4-5 (1) W；(2) $kl\cos\theta$；(3) $W = 2kl\sin\theta$

4-6 (1) $J = \frac{9}{2}mr^2$；(2) $\alpha = \frac{2g}{19r}$

4-7 $mvl + \frac{1}{6}Mvl$

4-8 E)

4-9 $\frac{1}{3}\omega_0$

4-10 $\omega = \frac{mv}{6MR}$；$v = \frac{mv}{6M}$

4-11 C)

4-12 (1) $\omega = \frac{3mv_0}{(M+3m)l}$；(2) $\theta = \arccos\left[1 - \frac{m^2 v_0^2}{(2m+M)(m+\frac{1}{3}M)gl}\right]$

第四章

第五章

5-1 C)

5-2 C)

5-3 $E = \frac{q}{2\pi\varepsilon_0 R^2 \theta_0}\sin\frac{\theta_0}{2}$，方向向下

第五章

5-4 $\dfrac{qd}{8\pi^2\varepsilon_0 R^3}$；指向缺口

5-5 $E = \dfrac{\sigma}{2\pi\varepsilon_0}\ln 2$；方向沿 x 轴正向

5-6 $E = 0$

5-7 D)

5-8 D)

5-9 $\dfrac{\sigma}{2\varepsilon_0}$；向右；$\dfrac{3\sigma}{2\varepsilon_0}$；向右；$\dfrac{\sigma}{2\varepsilon_0}$；向左

5-10 $\dfrac{q}{6\varepsilon_0}$

5-11 B)

5-12 $E_1 = \dfrac{\rho x}{\varepsilon_0}\left(-\dfrac{d}{2} \leq x \leq \dfrac{d}{2}\right)$，场强随 x 变化图略

$E_2 = \dfrac{\rho d}{2\varepsilon_0}\left(x > \dfrac{d}{2}\right)$、$E_2 = -\dfrac{\rho d}{2\varepsilon_0}\left(x < -\dfrac{d}{2}\right)$

第六章

6-1 $\dfrac{\lambda}{2\pi r}$；$\dfrac{\lambda}{2\pi\varepsilon_0\varepsilon_r r}$

6-2 A)

6-3 (1) $E = \dfrac{Q_0}{4\pi\varepsilon_0\varepsilon_r r^2} = \dfrac{E_0}{\varepsilon_r}$（$R_1 < r < R_2$）；$E = \dfrac{Q_0}{4\pi\varepsilon_0 r^2} = E_0$（$r > R_2$）；

(2) $V = \dfrac{Q_0}{4\pi\varepsilon_0\varepsilon_r}\left(\dfrac{1}{R_1} - \dfrac{1}{R_2}\right) + \dfrac{Q_0}{4\pi\varepsilon_0 R_2}$

6-4 (1) $\boldsymbol{E}_a = \dfrac{\boldsymbol{D}}{\varepsilon} = \dfrac{\rho}{2\varepsilon}\boldsymbol{r}_a$，$\boldsymbol{E}_b = \dfrac{R_1^2\rho}{2\varepsilon_0 r_b^2}\boldsymbol{r}_b$，$\boldsymbol{E}_c = \dfrac{\pi R_1^2\rho + \lambda}{2\pi\varepsilon_0 r_c^2}\boldsymbol{r}_c$；

(2) $V_b = -\dfrac{R_1^2\rho}{2\varepsilon_0}\ln\dfrac{r_b}{R_1} - \dfrac{\rho R_1^2}{4\varepsilon}$；

(3) $V_{R_1} - V_{R_2} = \dfrac{\rho R_1^2}{2\varepsilon_0}\ln\dfrac{R_1}{R_2}$

6-5 C)

6-6 $\dfrac{3\varepsilon_r\varepsilon_0 S}{2\varepsilon_r d + d}$

6-7 $\dfrac{1}{\varepsilon_r}$；$\dfrac{1}{\varepsilon_r}$

6-8 (1) $C = \dfrac{4\pi\varepsilon_0\varepsilon_r R_1 R_2}{R_2 - R_1}$；(2) $W_e = \dfrac{CU_{12}^2}{2} = \dfrac{2\pi\varepsilon_0\varepsilon_r R_1 R_2 U_{12}^2}{R_2 - R_1}$

第六章

6-9 (1) $\dfrac{\varepsilon_0 S}{d-t}$；(2) 无影响

6-10 D）

6-11 2∶1；1∶2

6-12 $F = \dfrac{Q^2}{2\varepsilon_0 S}$

6-13 (1) $(2\pi\varepsilon_0\varepsilon_r L)/[\ln(b/a)]$；(2) $[Q^2/(4\pi\varepsilon_0\varepsilon_r L)]\ln(b/a)$

6-14 (1) $E_1 = 0$，$D_1 = 0\,(r<R)$；$E_2 = \dfrac{q}{4\pi\varepsilon_0\varepsilon_{r1}r^2}$，$D_2 = \dfrac{q}{4\pi r^2}\,(R<r<R+d)$；

$E_3 = \dfrac{q}{4\pi\varepsilon_0\varepsilon_{r2}r^2}$，$D_3 = \dfrac{q}{4\pi r^2}$；(2) $V_1 = \dfrac{q}{4\pi\varepsilon_0\varepsilon_{r1}}\left[\dfrac{1}{R}-\dfrac{1}{R+d}\right] + \dfrac{q}{4\pi\varepsilon_0\varepsilon_{r2}}\left(\dfrac{1}{R+d}\right)$；

$V_2 = \dfrac{q}{4\pi\varepsilon_0\varepsilon_{r1}}\left[\dfrac{1}{r}-\dfrac{1}{R+d}\right] + \dfrac{q}{4\pi\varepsilon_0\varepsilon_{r2}}\left(\dfrac{1}{R+d}\right)\,(R<r<R+d)$；$V_3 = \dfrac{q}{4\pi\varepsilon_0\varepsilon_{r2}r}\,(r>R+d)$

(3) 曲线图略

第九章

9-1 $1\colon 2\colon \dfrac{1}{2}$

9-2 D）

9-3 $x = 7.07\times 10^{-2}\cos\left(4\pi t + \dfrac{\pi}{4}\right)$

9-4 E）

9-5 $0.37\ \text{cm}$，$x = 0.37\times 10^{-2}\cos\left(\dfrac{\pi t}{2}\pm\pi\right)$

9-6 $x = 5.0\cos\left(\dfrac{5}{6}\pi t - \dfrac{\pi}{3}\right)$；$0$、$\dfrac{\pi}{3}$、$\dfrac{\pi}{2}$、$\dfrac{2}{3}\pi$、$\dfrac{4}{3}\pi$

9-7 C）

9-8 $1\times 10^{-2}\ \text{m}$；$\dfrac{\pi}{6}$

9-9 10 cm

9-10 C）

9-11 0.25 m；0.18 m；0.2 J

9-12 $x = 0.204\cos(2t + \pi)$

第十章

10-1 C）

10-2 5 J

10-3　(1) 1.58 J·s⁻¹·m⁻²；(2) 3.79 × 10³ J

10-4　D)

10-5　C)

10-6　$\lambda = \left|\dfrac{0.2}{2k-1}\right|$ m ($k = 0, \pm 1, \pm 2, \pm 3, \cdots$)

10-7　C)

10-8　B)

10-9　$y_2 = A\cos\left[2\pi\left(\dfrac{t}{T} + \dfrac{x}{\lambda}\right) \pm \pi\right]$

10-10　$y = 0.01\cos\left[4t + \pi x - \dfrac{4\pi}{3}\right]$

10-11　3；300

10-12　(1) $y = 0.06\cos(\pi t + \pi)$；(2) $y = 0.06\cos\left[\pi\left(t - \dfrac{1}{2}x\right) + \pi\right]$；(3) 4 m；

十三章

13-1　C)

13-2　D)

13-3　(1) 266；(2) 放热，308

13-4　1.8 × 10³ J

13-5　B)

13-6　D)

13-7　C)

13-8　等压；绝热；等温；等压；绝热

13-9　7 J

13-10　AM；AM、BM

13-11　(1) $Q_{ab} = 8.1 \times 10^4$ J，$\Delta E = 4.86 \times 10^4$ J，$W_{ab} = 3.24 \times 10^4$ J，$Q_{bc} = \Delta E_{bc} = -3.65 \times 10^4$ J，$W_{bc} = 0$；(2) 存在与 a 状态内能相同的状态，在 dc 线上体积为 8 L 处

13-12　(1) 略；(2) $Q_V = \Delta E = 1\,247$ J，$W_V = 0$；$Q_T = W = 821.9$ J，$\Delta E = 0$

13-13　(1) $W_T = 2.72 \times 10^3$ J；(2) $W_Q = 2.2 \times 10^3$ J

参 考 文 献

[1] 马振宁. 大学物理同步辅导 [M]. 北京：首都经济贸易大学出版社，2016.
[2] 单亚拿，马振宁. 大学物理知识内容精讲与应用能力提升 [M]. 北京：高等教育出版社，2018.
[3] 东南大学等七所工科院校（编），马文蔚（改编）. 物理学 [M]. 5 版. 北京：高等教育出版社，2006.
[4] 陆果. 大学物理资源库 [CP/CD]. 北京：高等教育出版社，2007.
[5] 程守洙，江之水. 普通物理学 [M]. 北京：高等教育出版社，2006.
[6] 姚启钧. 光学教程 [M]. 北京：高等教育出版社，2008.
[7] 赵凯华，陈熙谋. 电磁学 [M]. 4 版. 北京：高等教育出版社，2018.
[8] 余虹，张殿凤. 大学物理解题能力训练 [M]. 大连：大连理工大学出版社，2008.
[9] 郑国和. 最新大学物理复习指导 [M]. 北京：海洋出版社，2000.
[10] 刘娟，胡演，周雅. 物理光学基础教程 [M]. 北京：北京理工大学出版社，2017.
[11] 康山林，刘华，梁宝社. 大学物理学习指导 [M]. 北京：北京理工大学出版社，2011.